U0119740

Probability Strategy for Marketing

機率思考的策略論

從消費者的偏好，邁向精準行銷，

找出「高勝率」的策略

森岡 毅

今西聖貴——著

江裕真

譯——梁世英

經營管理 159

機率思考的策略論

從消費者的偏好，邁向精準行銷，找出「高勝率」的策略

作　　者　森岡 毅、今西聖貴
譯　　者　江裕真、梁世英
責任編輯　林博華
行銷業務　劉順眾、顏宏紋、李君宜

總 編 輯　林博華
發 行 人　凃玉雲
出　　版　經濟新潮社
　　　　　104台北市民生東路二段141號5樓
　　　　　電話：(02)2500-7696　傳真：(02)2500-1955
　　　　　經濟新潮社部落格：http://ecocite.pixnet.net
發　　行　英屬蓋曼群島商家庭傳媒股份有限公司城邦分公司
　　　　　台北市中山區民生東路二段141號11樓
　　　　　客服服務專線：02-25007718；25007719
　　　　　24小時傳真專線：02-25001990；25001991
　　　　　服務時間：週一至週五上午09:30-12:00；下午13:30-17:00
　　　　　劃撥帳號：19863813；戶名：書虫股份有限公司
　　　　　讀者服務信箱：service@readingclub.com.tw
香港發行所　城邦(香港)出版集團有限公司
　　　　　香港灣仔駱克道193號東超商業中心1樓
　　　　　電話：25086231　傳真：25789337
　　　　　E-mail: hkcite@biznetvigator.com
馬新發行所　城邦(馬新)出版集團Cite (M) Sdn Bhd
　　　　　41, Jalan Radin Anum, Bandar Baru Sri Petaling,
　　　　　57000 Kuala Lumpur, Malaysia.
　　　　　電話：(603) 90578822 傳真：(603) 90576622
　　　　　E-mail: cite@cite.com.my
印　　刷　漾格科技股份有限公司
初版一刷　2019年11月7日

城邦讀書花園
www.cite.com.tw

ISBN：978-986-97836-6-8

定價：550元
Printed in Taiwan

〈出版緣起〉

我們在商業性、全球化的世界中生活

經濟新潮社編輯部

跨入二十一世紀，放眼我們這個世界，不能不感到這是「全球化」及「商業力量無遠弗屆」的時代。隨著資訊科技的進步、網路的普及，我們可以輕鬆的和認識或不認識的朋友交流；同時，企業巨人在我們日常生活中所扮演的角色，也是日益重要，甚至不可或缺。

在這樣的背景下，我們可以說，無論是企業或個人，都面臨了巨大的挑戰與無限的機會。

本著「以人為本位，在商業性、全球化的世界中生活」為宗旨，我們成立了「經濟新潮社」，以探索未來的經營管理、經濟趨勢、投資理財為目標，使讀者能更快掌握時代的脈動，抓住最新的趨勢，並在全球化的世界裡，過更人性的生活。

而之所以選擇「**經營管理—經濟趨勢—投資理財**」為主要目標，其實包含了我們的關注：「經營管理」是企業體（或非營利組織）的成長與永續之道；「投資理財」是個人的安身之道；而

「經濟趨勢」則是會影響這兩者的變數。綜合來看，可以涵蓋我們所關注的「個人生活」和「組織生活」這兩個面向。

這也可以說明我們命名為「經濟新潮」的緣由——因為經濟狀況變化萬千，最終還是群眾心理的反映，離不開「人」的因素；這也是我們「以人為本位」的初衷。

手機廣告裡有一句名言：「科技始終來自人性。」我們倒期待「商業始終來自人性」，並努力在往後的編輯與出版的過程中實踐。

序章

商業之神有著一張
單純的臉孔

商業之神有著一張單純的臉孔。
那就是偏好（Preference）。

在商業世界裡，據說要擊出一兩支安打或全壘打是可能的，但要連續一直擊出安打或全壘打，就極為困難。由於極為罕見，一旦有人目睹長期擊出安打的情形，就會驚訝地說：「好像魔法一樣！」但那其實不是魔法，而是有手法、有機關的魔術。

我們固然無法推敲出如何才能施展魔法，但只要經過訓練，任誰都能變出一手不錯的魔術。同樣地，只要能理解商業策略的致勝手法以及機關所在，任誰都能大幅提升商業活動的成功機率。之所以會視之為魔法而驚嘆，只是因為和魔術一樣，絕大多數的人都還不知道其手法與機關而已。

「日本環球影城」（USJ; Universal Studios Japan）這個主題樂園，近五年來有多達六十多個新推出的專案，連續創下佳績，也創造出令人咋舌的 V 字型復甦。每年都增加一百萬人次訪客的結果是，五年下來一共增加了 660 萬到訪人次。在推出哈利波特設施的 2014 年度，全年到訪人次創下了 1,270 萬的新高，2015 年度又再次創下 1,390 萬人次到訪的紀錄，大幅超越過去成績。

雖然外界看到的都是哈利波特設施所帶來的巨大成功，但事實上，在增加的 660 萬人次訪客中，哈利波特只占了不到四成。V 字型復甦大部分是來自「航海王」、「魔物獵人」等非衍生自電影的嘗試，及前所未見的萬聖節活動創意、新家庭區域的建設、倒退嚕的雲霄飛車等各種新計畫的全壘打與安打不斷累積之下，才得到的成果。

自 2010 年進入 USJ 以來，到 2016 年新年伊始的此時為止，我（森岡）以行銷專家的身分，在 USJ 的累計成績是 64 個打數，63 支安打，打擊率 9 成 84，全壘打率 51%（在包括眾多新事業在內的無數個專案裡，只要能一如預期地回收成本，為公司帶來收益的話，就算安打；其中，成果大幅超越期望值的，就視為全壘打）。

在消費者容易覺得膩、業者的更替令人目不暇給的娛樂業界，連續擊出安打是極為困難的。連續多年都寫下成功率 98% 這樣的紀錄，絕對不是偶然。

當然，這裡面既有手法，也有機關。我並沒有使用不可思議的魔法，只是單純地找尋能夠打贏的戰役而已。

獲勝機率低的戰役要盡可能避開，並挑選獲勝機率高的戰役。因為，在贏不了的地方，與贏不了的對手作戰，到頭來還是贏不了嘛（笑）。我這個人超討厭輸的感覺，所以會比別人更拼命找尋能夠打贏的戰役與能夠打贏的方法（策略）。就是這樣想著要「勝於易勝者」，得到的結果就是 98% 的成功率。

此外，只要能理解市場結構與消費者本質，即使是在非常不利的狀況下，或面對乍看之下沒有勝算的對手，依然能推導出

「有機會贏」的戰法，亦即致勝機率較高的策略。每當只因為用腦得宜，就把重大工作給順利完成時，對我來說，是最棒的一瞬間。尤其是絞盡智慧與力氣，小蝦米打敗大鯨魚時的那種感動，絕非筆墨能夠形容。

例如，2015 年 10 月，USJ 創下有史以來最高的單月 175 萬人次到訪紀錄，超越東京迪士尼樂園（TDL）的當月到訪人次（推估約為 160 萬人次），我們也終於成為全日本集客力最強的主題樂園。雖然才只是一個月，但是在十年前 USJ 還傷痕累累的時候，誰都想像不到，我們的集客人次，有一天會超越所在的人口圈約為我們三倍、最厲害的東京迪士尼樂園吧，因為連 USJ 的相關人士都完全無法想像這件事（笑）。但這絕非魔法，而是一種「藉由理解機率，進而學會操作機率」之下所施展的，背後有著手法與機關的戲法。

本書的主題是「機率思考」。書中從頭到尾要傳達的訊息是，「**商業策略的成敗取決於『機率』。而這種機率某種程度上是可以操作的**」。我把這樣的思維稱作「數學行銷」或是「數學的架構」。

本書並沒有要強迫各位學習難懂而複雜的數學，而是把結論與思維中「最美味的部位」淺顯易懂地傳達出來，連不擅長數學的人也能了解。書中要介紹的是，我在無數次的實戰體驗中，運用數學拼命而辛苦地釐清的、可促成勝利的普遍性真理。不擅長數學的朋友，請跳過數學式的部分（數學式只是為了保證透明度而放進書中，跳過並不會妨礙理解本書內容）。

在這個世界上，有很多東西假如光從外觀上來看，你會覺得和其他東西毫無共通點。但事實上，許多看起來毫不相干的商業場面，背後卻有著共通的「法則」。而數學可以釐清這樣的法則。商業中固然有許多難解之事，但也有許多事情，是我們透過數學的證明或數學式所推導出來的有力假說，而已然理解的。雖然不見得非得弄懂數學式不可，但光是去理解推導出來的結論，也就是那些法則，就能學會如何擬定成功機率極高的策略。

要依據法則徹底找出應推展的事業驅動力，把經營資源集中在那上面，把「機率」往有利於自己的方向操作。這樣，就能選擇「有贏面」的戰役作戰，或者，至少能把看似無贏面的戰役，轉變為有贏面的戰役。企業可以藉此更為成長，個人也可以藉此更加成功。

此外，本書的內容也照顧到了熱愛數學的讀者們的需求。書末介紹了多種在為事業擬定致勝策略時極其方便的「數學工具」，連如何使用這些工具，都介紹得清清楚楚。為何我要把「數學行銷」的知識透露到這種地步呢？無非是考量到日本經濟今後的發展。因為我認為，假如現在瀕臨絕種的像我這種「數學行銷專家」未來能夠增加，那麼就會有更多公司能夠實現 V 字型復甦，能夠更加成長，也就能促使今後日本的經濟更加活化。

就算哪天我不在這個世上了，只要這本書還在，我相信總有一天會有人出來為我把數學行銷這個學門給發展起來。只要善用本書中介紹的數學工具，即使是「該如何因應不同事項，事前判讀其『發生機率』」這樣的困難問題，各位也能夠獨自一人展開研究。大家會學到，如何自行開發出新的魔術手法與機關。對數學很感興趣的朋友，請務必把書末的數學工具加入自己的工具箱中，好好應用在商業的世界裡。

這套「數學行銷」的知識，是我和我的盟友兩人一起努力，逐步建立起來的實戰知識。在此請容我介紹一下本書的共同作者今西聖貴先生。長達二十多年的時間，今西兄在我的老東家寶僑（P&G）的全球總公司（位於美國辛辛那提）開發出橫跨全球的需求預測模型，也帶頭負責預測分析。他也是前「寶僑全球總公司最高智囊」之一。後來我也進入寶僑的全球總公司服務，才和已經在那裡活躍多年的今西兄熟稔起來。我們負責的事業領域不同，工作上也沒有相關之處，但因為同為數學愛好者，就變得意氣相投起來。

雖然我和今西兄都擁有在商業中活用數學的知識，但我們擅長的方向是不同的。我是行銷人員，因此我在職涯中累積的，是負責訂定策略與決策的策略家方面的知識；今西是分析人員，他在職涯中累積的，是長於客觀性與需求預測分析等研究者的知識。在認識今西之前，我是以自己的一套方法在做數學方面的驗證，但因為我是訂定策略的主體，我的宿命就是難以完全跳脫自己「主觀的重力」而得到自由。至於今西先生，他過去擁有的，是範圍廣且深的數學驗證的知識與技術，他和我相反，由於研究主軸是從客觀的角度，因此他專精的層面不在於訂定策略時所不可或缺的、足以產生「主觀下的意志」的部分。也就是說，我們兩人一方面在心底最深處對於數學都抱持著深厚的熱愛，但彼此又有能夠「完美互補」的不同專精領域，可以說是最棒的搭擋。

結合我倆強項下的生涯職志，就是把數學活用在行銷上。我們根據新的實戰數據淬鍊既有的知識與技術，或把既有的知識與技術組合起來，或不斷地嘗試錯誤以拓展新的策略性思考領域，致力於把有助於行銷的數學知識給實用化。

其後，我離開了寶僑，加入 USJ。進公司沒多久，我就必須很快地從數學的角度證明一件事：我為正準備盛大推出的哈利波特設施所做的需求預測，是精準的。為此，我決定找來自己在公司外部最信賴的需求預測專家，也就是才剛從寶僑急流勇退的盟友，今西先生。

由於當時是冒著賭上全公司命運的莫大風險，我們比較了好幾個以不同思維推導出來的需求預測結果，不這樣做的話我真的晚上都睡不著覺。由於今西先生當時預測的數字，與我們自己推導出來的數字吻合，因此我從數學的角度已經確信，USJ 推出哈利波特設施將會成功。這樣的堅定信心，是促使當時的 USJ 投入與公司狀況並不相稱的 450 億日圓在這上面，來一場大冒險的最大動力來源。正因為從數學的角度得到了確切的證明，我才能下定決心說服周遭的人。

現在，今西先生在我三顧茅廬之下，從美國回到日本，目前在USJ的行銷本部致力於讓「數學行銷」的技術與知識能夠普及，並且培育後進。因此我想，與其由我獨自寫一本「數學行銷」的書，不如把長年以需求預測專家的身分累積起來的、出於分析專家角度的鮮活經驗談與精華，也一起放到書裡，應該能寫出一本更有助於今後日本社會的書。在這樣的確信下，我決定邀請他以共同作者的身分，一起參與本書內容的策劃。

本書是完全的共同著作，全書都是我和今西先生兩人一起精心思考下完成的。如何才能把我們在思考的東西傳達出來呢？我們兩人一面嘗試錯誤，一面把本書的結構、內容、文句、例子、數學式一一寫出來。前半的策略部分是從身為策略家的我的觀點寫的；後半的消費者調查部分是從身為需求預測專家的今西先生的觀點寫的。雖然兩位作者各自站在不同的觀點，但每一章都是我們一起構思出來的。除了我的知識外，還加入了來自在全球第一線鑽研市場分析與需求預測長達幾十年的「第一把交椅」今西先生所提供的充滿啟發性的寶貴訊息，因此我確信這會使得本書變得更有價值。

撰寫本書的目的，是希望能提升日本企業的邏輯性。我們希望能藉由公開足以提升日本企業策略訂定的邏輯性的相關知識，或多或少為我們所珍愛的日本社會帶來一些活力，也希望能多回饋一些。我們固然希望本書能幫助到眾多實務工作者或其預備軍，但可以的話，假如能有更多的日本經營者或高階主管們，能夠對於我們想表達的東西有所理解，那將是我們的榮幸。

只要讀過本書，您將可以學會事前判斷策略的成功機率，並學會區分其中易於控管的部分，以及無從控管的部分，並且把經營資源集中到能夠控管的領域中，大幅提升成功的機率。我相信，下意識裡在做決策時容易情緒化的日本人，如果能學會「更有邏輯地做好準備、從精神的角度作戰」，那麼，在世界中競爭求存的日本，一定會有更光明的未來。

作者　森岡毅　2016 年 2 月 10 日

◆目錄

第四章　把熱情加到數字裡！

第五章　市場調查的本質與功能——了解偏好

第六章　需求預測的理論與實際——偏好的採算性

卷末解說 1　機率理論的導入，與偏好在數學上的說明

卷末解說 2　用於理解市場及協助做好預測的數學工具

終章　2015 年 10 月時 USJ 進場人次之所以超越 TDL 的數學根據

第一章

市場結構之本質

1 「拉客小哥全都長著同一張臉！」

我在從事商業工作時，經常會謹記一件事：「勿受眼中所見事物之影響，要洞察本質。」眼睛實際看到的東西，幾乎全都只是「現象」而已，並非形成該現象的事物「本質」。現象固然容易看到，卻是極其表層的東西。就算針對現象採取行動，也無法解決問題。我們必須探究形成該現象的本質性原因。

例如，在先前我參與過的洗髮精事業當中，假設市占率下滑好了。市占率下滑只能算是結果，或是現象。行銷人員分析手邊的資料，發現市占率下滑的原因，來自於商品的平均價格相對於其他競爭廠商變貴了。但「平均價格相對變貴」也同樣只是現象而已，還得追究平均價格相對變貴的原因。

像這樣，不斷問「為什麼？」，從現象當中找出原因，再繼續不斷自問「為什麼？」下去，就能在最後抵達的最深處，看見造成一連串現象的「問題本質」。但有點令人意外的是，大多數的狀況下，端坐在好幾層現象背後最深處的「本質」，其實都有著一張極為單純的臉。

在觀察人的樣貌時，所看到的一切，全都只是現象。為何人會有兩條胳膊？為何人會有兩條腿？為何我的頭蓋骨（我的頭的大小達 63 公分，國中時，沒有適合我尺寸的學生帽，我只能把小尺寸的帽子勉強頂在自己的頭上）和別人比起來會這麼的大？當我針對自己的身體特徵，也就是現象，逐步追究其背後的本質為何時，最後會追溯到形塑出我身體構造的本質，也就是我的基因（DNA）。本質在於我的基因資訊，也就是DNA；我的一切特徵都是來自於它，也是它形成了我的身體構造。

「以DNA這樣的本質為核心，形成其他所有一切構造的機制」——除了我之外，在其他人的身上，這件事也是共通的。不光是人，狗、貓以及香蕉，也全都適用這樣的機制。基因這東西固然有物種、個體上的差異（順帶一提，香蕉的DNA和人類的DNA有50%是共通的），但以基因為本質，分別形成個自身體構造的這個機制，卻是所有物種都相同的。

乍看之下並不相同的多種現象，只要仔細去察看其背後深處，會發現即使是人類社會的機制，也是從非常耐人尋味的「本質」形塑出來的。

我之所以會開始對事物的本質感到興趣，是因為一件讓我感觸很深的事。

那是我年輕時，造訪美國加州的舊金山時發生的事。在由旅行業者灰線（Gray Line）所安排的夜遊行程當中，我來到下城區的繁華地帶，結果一下車就被接連不斷的拉客小哥給攔下來。我一面感到震驚而全部回絕他們，一面急忙和大家前往餐廳，但他們仍一個個帶著想要做生意的堅定意志，硬是向我們搭訕。

就在我逐一看著這些美國拉客小哥的臉孔時，我的腦子裡突然產生一股衝擊感！「咦？他們的長相跟日本的拉客小哥簡直一模一樣！」他們的表情、說話方式、髮型以及服裝等等所構成的氛圍，都和在新宿的歌舞伎町等地常見的日本拉客小哥們十分酷似。我的腦子裡，充滿了這個大發現所帶來的衝擊感。即使屬於截然不同的國家和人種，做著相同職業的他們，卻是很相似的。這件事給了我很深的感觸。那時我開始覺得，在「國家不同，但外表近似」這個「現象」背後的深處，肯定存在著在表情、服裝與氛圍上形塑出共通點的某種「本質」。

不只是拉客小哥而已。日本的銀行員與美國的銀行員，也呈現出近似的外表、服裝、氛圍以及行動模式。卡車司機也是，不論是哪個國家的卡車司機，都讓人強烈感覺到具有類似的外表、服裝和氛圍。雖然目前我還不清楚自己的這些假說是否成立，但我的想法是，從事各種職業的人的「屬性」當中，應該存在著某種跨越國界的共通點才是。或許因為文化的差異或所處經濟發展階段的不同，而有或多或少的差別，但是我認為，社會上應該存在著一個「眼睛看不到的機制」，視工作性質的不同，篩選著人的特質。

這不折不扣代表著「人可以挑工作，但工作也會挑人」這件事。人會因為個人特質的不同，經過無形機制的篩選後，在職業與社會上，慢慢在適合他這種人待的地方待下來。所以，就算屬於不同國家或人種，特質酷似的人，往往會從事特性相近的工作。從社會整體的角度來看，就會慢慢地朝一定的結構收斂。這是我的看法。

對了，各位讀者認為，形塑出資本主義世界的本質究竟是什麼？雖然我目前還在找尋這個問題的答案，但目前我的看法是，其本質在於「人類的欲望」。我認為所謂的資本主義，就是以「人類的欲望」為驅動力形塑出來的社會。把人類的「欲望」當成能量，讓人與人之間彼此競爭，藉以逐步促成各種發展與成長。從日本的傳統價值觀來看，弱肉強食的情形十分劇烈的歐美型資本主義，仍有許多讓人覺得格格不入之處。但以我之見，由歐美領導的世界，確實正朝著那樣的方向而去。因此即使國家不同，目前正採用同樣叫做資本主義這個制度的各國，應該會慢慢地形成相同的社會結構。

這是因為，到頭來，構成社會的，終究是「人」。就算屬於不同國家，人類的本質「欲望的流露」，還是極為近似的。或許因為所處的文化、經濟發展的階段而有一些差異，但粗略來看，人類的本質都是近似的。資本主義社會以人類的「欲望」為本質，創造出種種複雜的社會結構，而我們就活在這社會結構催生出來的無限多的現象當中。我認為，資本主義社會的 DNA 就是人類的「欲望」。

從「本質」出發，形塑出結構，繼而就會出現種種的「現象」。出於這樣的思維，我在從事商業工作時，對於「把本質發掘出來」一事，一向都抱著非比尋常的熱情。在本章裡，要探討的是自己要與之作戰的市場結構（Market Structure）的本質為何，也就是形塑出市場結構的 DNA 之真實身分。只要能得知市場結構的本質，就能清楚地看出要在該市場中致勝，應該把策略集中在哪個部份，以及其背後的原因。除此之外，我也會盡可能以淺顯易懂的方式來說明，應該採用何種方法尋找本質，以及在分析時可以採用何種工具。

2 理解市場結構的意義

理解市場結構有什麼好處呢？理解市場結構後，我們就能挑選成功機率較高的企業策略。在這個世界上，充滿著難以（或是無法）只由一家企業控制的事情。為了不讓經營資源因為投入到這種超出能力範圍的事情上而產生損耗，也為了在訂定企業策略時能避開不能碰的「地雷」，理解最低限度的市場結構一事，是不可或缺的。此外，若能善加理解市場結構，就能像帆船利用順風一樣，利用市場機制，在不花大錢的情形下，創造出更高的營收。市場結構的知識，就像是帆船賽中的海洋地圖般的東西。一旦手邊沒有海洋地圖，就可能往錯誤的方向行駛，而撞上暗礁。

理解市場結構，就像是在理解機器的結構，以考量其操縱方法一樣。例如，假設我們現在要開車。哪個是方向盤，哪個是煞車，哪個是油門，哪個是變速箱，它們各自又該如何組合起來，如何操作，車子又會因而如何移動？諸如此類的事，你應該會想要事前先有所了解。在尚未熟悉這些事之前，照理說應該是不該去轉動車鑰匙的。現在假設你已經理解了汽車的構造以及操縱方法，總算轉動車鑰匙了。就算在這個時候，你應該也不會在無視於周遭的行人、對向車道有無來車、道路狀況等種種資訊的情形下，就用力踩下油門。因為，那樣子太過亂來，引發事故的機率也會暴增。然而，就是有一些毫不在意市場結構的人，以完全亂來的態度，蠻不在乎地在從事商業活動。他們只是缺乏自覺而已。那等於是在乘坐自己從未操縱過的汽車這款機器時，連對於按下哪裡會有什麼樣的效果都還一無所知，就打算直接啟動引擎，閉著眼睛開車一樣。

在這種狀況下，事業要是成功，主事者肯定是直覺過人，而且是個超級幸運的傢伙吧。但長期來說，這種做法是無法持續成功的。USJ 在這五年間，不管做什麼事，全都正中紅心，實現了 V 型復甦。對此，很多人都來問我：「森岡先生，為什麼你能夠老是推什麼中什麼呢？請教我祕訣！」但真的要講祕訣的話，其實很單純。我不過是把熱情燃燒在細膩而完整地理解市場結構這件事情上，把思考集中於「找出能打贏的戰爭」以及「構思如何利用市場結構的方法」這兩件事而已。也就是說，因為我避開了打不贏的戰爭，選擇了能打贏的戰爭，因而提高了我獲勝的機率，如此而已。理解市場結構的意義就在這裡：提高企業致勝的「機率」。

3 何謂市場結構？

所謂的市場結構，就是在某個商品品類（Category，例如由洗髮精、定型產品等所構成的護髮用品）中，人們的意志、利害與行動所累積起來的，業界的整體機制。消費者、零售商、中間流通業者、製造商等與事業相關的所有玩家們的想法與利害關係，在微觀的層次發生各種衝突，依照彼此間的實力強弱，慢慢地會收斂為一定的「做法」。所以簡單來說，市場結構就是「在那個市場中，人們整體的做法」。

現在來針對市場結構中看得到的種種現象，從它們的背後深處，來發掘開頭處所說的，形塑出市場結構的「本質」吧。決定這些市場結構的DNA，或者可稱之為「震央」的「本質」，究竟是什麼呢？在此我就直接把最核心的答案講出來：其本質就是「消費者偏好」。所謂偏好，就是消費者對於品牌的相對好感度（簡單來說就是「愛好」），它主要是取決於品牌權益（Brand Equity）、價格，以及產品性能這三項因素。偏好之所以能支配市場結構，是因為無論零售業者、中間流通業者，還是製造商，全都非得聽從最至高無上的存在——最終購買者（消費者）的意思不可。請在腦海中謹記著這件事：**決定市場結構的DNA，就是消費者偏好**。

接著，何謂品類？舉例來說，像是汽車、洗髮精、紙尿布、主題樂園這些在同樣的目的下使用，以同樣的方式提供效益的產品與服務的集合體，就叫「品類」。例如，跑車與轎車同屬於「汽車品類」；東京迪士尼樂園與日本環球影城同屬「主題樂園品類」，而這些主題樂園與四季劇團，又同樣屬於「娛樂品類」，彼此互為競爭者。此外，透過郵局寄送的信，與電子郵件固然同屬「通訊品類」這樣一個大項目，但兩者雖然目的相同，方法卻大異其趣，所以也可以看成不同品類。為了相同目的、以近似的方法提供效益的玩家們的集合體，就是「品類」。在品類當中勝出，也就是得到市占率，是企業生存所不可或缺的。

不過，品類並非永遠不變。人的基本需求固然不變，但用於滿足需求的產品或服務，卻會隨著社會的改變而改變。例如，寶僑是 1837 年時誕生於美國辛辛那提的一家生產並銷售蠟燭與肥皂的公司。辛辛那提自古以來就盛行食用豬肉的加工，加工後從豬的各個部位可抽取出動物性脂肪，寶僑就是利用這些脂肪生產肥皂與蠟燭。蠟燭在燈泡發明後固然就因而滯銷，但寶僑仍一直在不同的品類領域持續發展至今，現在成長為全球第一大消費品製造商。當年寶僑誕生時，辛辛那提那裡有十八家同樣的公司，如今只剩下寶僑一家。據說企業的平均壽命約為三十年，但寶僑由於熟知消費者與市場結構，一直以來在驚濤駭浪當中，都順利存活下來，至今已一百七十多年。

企業的目的，在於貢獻社會、創造利潤、在競爭中存活。現在我們所熟知的公司，諸如豐田、任天堂、花王、寶僑等公司，都在一個或多個品類當中與競爭者爭奪市占率，也都因為能夠因應這個變化萬千的世界調整自己，才得以存活至今。

4 市場結構的本質全都一樣

各種商品品類，都各有它們的市場結構。乍看之下，有多少種品類，就有多少種不同的市場結構，但事實上，市場結構的本質與品類無關，全部都是一樣的。前面已經提過，無論是人、狗、貓還是香蕉，就算基因各不相同，但「根據基因形成身體構造」的這個機制，卻是共通的。在這裡，也適用同樣的說法。

市場結構的本質是什麼？就是「消費者依照其偏好，決定購買行為的這個機制」，這在任何品類都是一樣的。只要消費者能夠自由做決定，無論何種市場結構，在背後支配的法則，都是一樣的。

好了，在針對市場結構說明其法則之前，要先說明一下「假說的證明」之思維。後面會多次出現「根據假說擬出數學式後，利用數學式所做出來的預測，與實際觀測到的資料吻合，因此假說是正確的」這樣的邏輯推演。但這其實並不困難，因為，它用的是大家在每天的生活中也經常在用的方法。

假設我們在影藝新聞中看到，一對正處於絕頂幸福狀況中的年輕藝人夫妻宣稱：「我們當時一見鍾情，相識兩個月就結婚了！」你應該會產生這樣的想法：「一定很快就分手了……」，這是因為，在你的腦中，存在著「交往沒多久就結婚的年輕夫妻，離婚的機率很高」這樣的假說。根據此一假說，你做出了「很快就會分手」的預測。而半年後，看到他們「離婚」的消息時，你會心想「果不其然！」，並且理解到自己的假說是正確的。而且，在你的假說準確命中結果的那一瞬間，從各種角度來看，你的心情可能會有點爽吧（笑）。

就是和這完全相同的方法。以我來說，就是用數學式來呈現假說。根據數學式推導出預測數字，再把預測數字（假說）拿來和實際數字比對，看看吻合的程度如何。當預實（預測與實際）完全吻合時，假說正確的可能性就很高。像這樣，在商業上訂定各種假說，再以實際的資料逐一證明，慢慢地擴增知識的水平線，這正是「數學行銷人員」所採取的手法。假說的數學式實際獲得證明的「那瞬間」，差不多就像釋放出大量的多巴胺，那種快感吧。

言歸正傳。現在我們實際來試試，如何以數學式呈現假說，再用數學式推導出預測結果，進而比較預測結果與實際結果吧。此時的假說是「就算品類不同，消費者一樣是依照同樣的法則做出購買行為」。我們實際來比較一下不同品類，看看其間的共通法則。

鬆餅、潔牙粉、圖書館的書這三者，分屬於截然不同的品類。乍看之下會覺得三者毫無關係，現在我們刻意拿來比較，發現其實三者的結構是完全相同的。

吃鬆餅的次數、購買潔牙粉的次數，以及借書的次數，都是各自獨立的行為。每次肚子餓就吃喜歡的食物，每次需要時就買潔牙粉，每次需要時就到圖書館借喜歡的書。針對每一種品類，消費者固然有不同的偏好（消費頻率或購買次數等乍看之下的不同），但「各品類依照消費者的偏好形成市場結構」一事，遵照的卻是同樣一套規則。主要是以下四項法則：

1) 每一位消費者都能獨立做出購買的決定。
2) 購買行為隨機發生。
3) 對於各個品類大約抱持著穩定的偏好，不會劇烈變動。

4) 偏好較高的東西，購買頻率會比較高（伽瑪分配〔Gamma Distribution〕）。

請看表 1-1。明明是截然不同的品類，但它們的實際值與預測值都非常吻合。三者各自的直行中，分別列出的「實際值」，與利用假說的數學式計算出來的「預測值」，幾乎都一致。這代表著模式的假定與消費者對這三種品類的購買行為是一致的。根據同一法則的單一模式，能夠用來預測截然不同的多種品類的購買行為，而且和實際值相吻合——這代表什麼意義？**它不折不扣只代表一件事：不同品類的消費者之購買行為，依然是基於同一個法則在呈現的**。

同樣地，洗潔劑、即溶咖啡、汽車、洗髮精、紙尿布等產品的購買行為，也可以用基於同一假定的單一數學模式來說明。也就是說，只要面對的是能自由做出購買決策的消費者，其他消費者市場的結構也是一樣的。在所有品類中，市場結構的本質都相同，都是取決於最後追溯到偏好上的消費者的購買行為。就是這樣的一個法則。

表 1-1 品類別、次數別的比例分布情形

品類	(1) 鬆餅		(2) 潔牙粉的購買		(3) 書的借閱	
對象的數量 / 使用購買次數	兩星期 1000 戶		一季 5240 戶		一年期間 9480 冊	
	實際值	預測值	實際值	預測值	實際值	預測值
0	62%	62%	44%	44%	58%	58%
1	20%	21%	19%	22%	20%	19%
2	10%	9%	14%	13%	9%	9%
3	4%	4%	9%	8%	5%	5%
4	2%	2%	6%	5%	3%	3%
5	1%	1%	3%	3%	2%	2%
6 次以上	1%	1%	4%	5%	3%	3%
總計	100%	100%	100%	100%	100%	100%
整體平均次數（M）	0.736	—	1.46	—	0.993	—
K	—	0.6016	—	0.78	—	0.475

在此說明一下這個表（只想知道結論的朋友，可以跳過）。表 1-1-(1) 的數字顯示的是美國家庭在過去兩星期內吃鬆餅次數的比例分布情形。例如，有 20% 的家庭回答，在過去兩星期內吃過一次鬆餅。這是針對 1000 個家庭的問卷調查結果。而預測值為 21%。表 1-1-(2) 是根據英國 5240 個家庭在 1973 年 1 月至 3 月的購買紀錄而來的潔牙粉購買資料。有 14% 回答，在這一季期間，二度購買了潔牙粉。預測值為 13%。表 1-1-(3) 是根據慶應義塾大學日吉資訊中心的 1983 年度借閱紀錄而取得的資料。圖書館共有 9480 本書，其中有 58% 在一年內從未被人借出過。預測值也是 58%。各預測值都是只用兩個數字（平均值 M，以及標記為 K 的數字）計算出來的。K 是只用平均值與 0 次的百分比計算出來的。因此，0 次的百分比，預測值與實際值都相同。計算用的是以下的數學式 (1)「負二項分配」。想要詳細了解 NBD（Negative Binomial Distribution）模型的朋友，請參閱書末的解說 1。接下來還會有數學式，但沒興趣的朋友可以跳過無妨。列出數學式只是為了追求內容之透明性，並不直接影響對於內容的理解。

NBD 模型（出現 r 次的機率）：

$$P_r = \frac{\left(1+\frac{M}{K}\right)^{-K} \cdot \Gamma(K+r)}{\Gamma(r+1) \cdot \Gamma(K)} \cdot \left(\frac{M}{M+K}\right)^r$$

式 (1)

5 品牌也是受到相同法則的支配

以消費者偏好為核心的購買行為所決定的，不光是所有品類的市場結構而已。每一個品牌，也受到同一法則的支配。也就是取決於消費者偏好這個真理。

請看表 1-2。這張表是針對德國五個衣物洗潔劑的品牌，分別列出購買次數的百分比分布情形。這是來自於 5419 個家庭從 1974 年至 1976 年的實際購買紀錄。和表 1-1 一樣，預測值是利用「負二項分配（NBD）模型」計算出來的。在表中可以看到，幾乎所有品牌的次數別的預測值與實際值，都是一致的。這代表，負二項分配針對這五個品牌的預測，都和實際購買行為極為吻合。即使品牌不同，其內部依然保有同樣的結構。

此外，最後將品牌之間的實力強弱呈現出來的「市占率」，可以說是將個別的消費者偏好累積起來的整體樣貌，也就是市場整體對於品牌的偏好。若要更精確地定義這裡的市占率，它代表的是做出購買決定的不同次數之占比，與其視之為金額占比（銷售額占比）或數量占比（使用量占比），不如視之為單位占比（Unit Share，銷售數占比），可以說是最接近的。

表 1-2　品牌別、次數別的比例分布情形

德國的洗潔劑：1974 至 1976 年的消費者購買固定樣本連續調查資料（5419 戶）										
洗潔劑品牌	A 牌		B 牌		C 牌		D 牌		E 牌	
購買 1 次以上	47%		36%		33%		32%		18%	
整體平均購買次數（M）	1.486		0.912		0.820		0.906		0.372	
每人平均購買次數	3.13		2.56		2.51		2.81		2.02	
K	0.430		0.335		0.300		0.258		0.1825	
購買次數	實際值	預測值	實際值	預測值	實際值	預測值	實際值	預測值	實際值	預測值
0	53%	53%	64%	64%	67%	67%	68%	68%	82%	82%
1	18%	18%	16%	16%	15%	15%	14%	14%	10%	10%
2	10%	10%	8%	8%	7%	7%	7%	7%	4%	4%
3	6%	6%	4%	4%	4%	4%	4%	4%	2%	2%
4	4%	4%	3%	3%	2%	2%	3%	2%	1%	1%
5	3%	3%	2%	2%	1%	2%	2%	2%	1%	1%
6	2%	2%	1%	1%	1%	1%	1%	1%	0%	0%
7	1%	1%	1%	1%	1%	1%	1%	1%	0%	0%
8	1%	1%	0%	0%	0%	0%	0%	1%	0%	0%
9	1%	1%	0%	0%	0%	0%	0%	0%	0%	0%
10	1%	1%	0%	0%	0%	0%	0%	0%	0%	0%
11 次以上	2%	2%	1%	1%	1%	0%	1%	1%	0%	0%
總計	100%	100%	100%	100%	100%	100%	100%	100%	100%	100%

過去我在寶僑的美國與日本公司裡，從事的一直是護髮產品的行銷工作，其中我最重視的資料是「市占率」。寶僑針對旗下所有的品類，一直都很重視市占率，認為它是最重要的商業指標。這意味著寶僑一直持續監控市場的本質——消費者偏好。不過我認為，在員工人數當時達十萬人的寶僑公司內部，能夠一面看著市占率數字，一面意識到此一真理的怪人，應該只有今西先

表 1-3 狄利克雷 NBD 模型適用的狀況

類型	
消費性商品（家庭、個人）	50 種的食品、飲料、洗潔劑、個人消費品
醫藥品	各種成藥、處方箋藥品
耐久財 · 其他	汽車、個人電腦、汽油
銷售通路之選擇	連鎖店、獨立店面之間
電視的觀賞	電視節目、電視台（頻道）
不同年代	1950-2000 年
不同期間之適用	期間相異的資料之間
認可其適用的國家	日本、英國、美國、德國、澳洲等

生和我吧（笑）。出乎意料，寶僑一直以來在做的事，剛好就是極其正確的。

品牌間的市占率，是由消費者偏好直接決定的。我們現在試著用另一個數學模型來對此事做更深入的了解。這個模型叫做「狄利克雷 NBD 模型」（NBD-Dirichlet model）。「狄利克雷 NBD 模型」是把前面提到的負二項分配（NBD）模型進一步擴張而得，對於預測品類中的所有品牌的購買率、購買次數乃至於品牌轉換很有幫助（該模型的細節請參閱卷末解說 1）。但也有不適用於此模型的例外存在。與基本假說不吻合的是，像香菸那種在極為規律的頻率下購買的商品，或是在短期間內出現急遽變動的品類，這兩類商品不太適用。但如表 1-3 所示，該模型還是能適用於廣大範圍的品類，想要對我們每天面對的眾多品類的結構有基本的理解，是十分有幫助的。

為了讓「狄利克雷 NBD 模型」成立，需要四個假說。目前已經確知，根據這四個假說設計出來的數學式，針對諸多品類中各品牌的購買率與購買次數所做的「預測值」，與「實際值」是吻合的。請看表 1-4，這是根據英國的潔牙粉這個品類中各品牌的單位占比，預測各品牌的購買率與購買次數，和實際值對比之下的結果。預測值與實際值幾乎一致。也就是說，在現實當中，消費者的購買行為，幾乎都是照著這裡揭示的四項假說在呈現。

表 1-4 英國潔牙粉品類

品牌名	季占有率（%）	季購買率		季購買次數		年購買率		年購買次數	
		實際值	預測值	實際值	預測值	實際值	預測值	實際值	預測值
高露潔（Colgate）	25%	20%	20%	1.8	1.8	34%	37%	3.7	3.8
麥健士（Macleans）	19%	17%	17%	1.7	1.7	32%	32%	3.2	3.6
皓清（Close-Up）	10%	9%	8%	1.6	1.7	15%	17%	3.0	3.2
潔諾（Signal）	10%	8%	9%	1.9	1.7	17%	18%	3.4	3.3
特潔（Ultra Brite）	9%	8%	8%	1.7	1.7	17%	17%	2.9	3.2
Gibbs	8%	7%	7%	1.7	1.7	17%	14%	2.8	3.2
自有品牌 1	3%	3%	2%	1.4	1.7	6%	5%	2.4	3.0
自有品牌 2	2%	2%	2%	1.5	1.6	3%	4%	3.2	3.0
平均	11%	9%	9%	1.7	1.7	18%	18%	3.1	3.3

針對這個表的說明（只想知道結論的朋友請跳過）。表 1-4 所使用的季度資料，是把表 1-1-(2) 的英國潔牙粉的資料依品牌別列出。各品牌之預測值，是把根據季購買頻率計算的市占率、品類中所有家庭之平均購買次數（M=1.46 次）、NBD 之 K（0.78）、模型特有的參數 S（1.2）等數值輸入到式 (2) 中，計算而得。至於 $P_r(n,r_1,r_2,\cdots,r_j,\cdots,r_g)$ 的部分，若預測期間的品類購買次數為 n 次，其細項為品牌 $1=r_1$，品牌 $2=r_2\cdots$，品牌 $j=r_j\cdots$品牌 $g=r_g$，代表各品牌在所有家庭中所占的比例。年度預測由於期間（T）為季的四倍，因此把 M・T ＝ 1.46×4 ＝ 5.84 次，放到式 (2) 中，計算 $P_r(n,r_1,r_2,\cdots,r_j,\cdots,r_g)$。其他輸入值與季的部分相同。

$$P_r=\frac{\Gamma(S)}{\Pi_{j=1}^{g}\Gamma(\alpha_j)}\cdot\frac{\Pi_{j=1}^{g}\Gamma(r_j+\alpha_j)}{\Gamma(S+R)}\cdot\frac{1}{\Pi_{j=1}^{g}r_j!}\cdot\frac{\Gamma(R+K)}{\Gamma(K)}\cdot\left(1+\frac{K}{M\cdot T}\right)^{-R}\cdot\left(1+\frac{M\cdot T}{K}\right)^{-K} \quad \text{式(2)}$$

$\alpha_j=S\times$（根據品牌 j 的購買頻率求得的單位占比）　式(3)

支配購買行為的四項假說（法則）

1) 某品類（例如洗潔劑）中各消費者的購買，是分別獨立發生的（彼此間沒有相互影響；不是和別人商量後才買）。
2) 某品類中，消費者購買時的品牌選擇，是依照每位消費者各自對品牌的偏好而決定的機率，隨機地決定，在該時點下，要選擇哪一個品牌（多項分配）。
3) 某品類中，消費者做出的品牌選擇，具有「偏好順位愈高，購買機率愈大」的傾向（伽瑪分配）。
4) 某品類中消費者的品牌選擇，會遵照依偏好決定出來的機率，與該品類的平均購買次數（M）之多寡無關。

以更好懂一點的方式來說明這四項假說（法則），就是在消費者的腦中，會根據至今的購買經驗，列出幾個自己認為買了會不錯的候選品牌。這幾個購買時的候選品牌的組合，以行銷專業術語來說，稱為「Evoked Set（喚起集合）」。例如，在購買啤酒時，我的喚起集合當中有四個品牌：第一喚起的是三得利的頂級啤酒（The Premium Malt's），接著是札幌啤酒的惠比壽啤酒（YEBISU），再接下來是麒麟的一番搾啤酒，以及札幌啤酒的黑標啤酒，二者差距不大，並列。

在這種情況下，我會隨機從覺得買了會不錯的這四款啤酒的集合（喚起集合）當中，挑選一種購買。任何消費者都有他的「喚起集合」，依照自己的偏好，決定購買各個品牌的「機率」。以我買啤酒的狀況來說，我想由上至下約莫是 50%、30%、10%、

10% 左右的機率。購買的機率，是當事人把過去經驗中產生的喜好（偏好），直接反映出來。在購買某一品類的東西時，當事人會從「喚起集合」當中，依照機率大小，隨機挑選一個品牌。

再用另一個例子來思考一下。我們以超市或便利商店的冰淇淋品類為例想想看。假設某人每年會買 20 次冰淇淋。現在假設在他的「喚起集合」當中，有三個品牌，分別是哈根達斯、森永 Choco Monaka Jumbo 雪派，以及 LOTTE 雪見大福。假設他的偏好，三者的購買機率分別為 50%、30%、20% 好了。這等於是在以下這樣的狀況計算機率：在一個袋子裡，放進五個寫上哈根達斯的球、三個寫上森永 Choco Monaka 的球、兩個寫上雪見大福的球，再把袋子裡的球充分攪動混合，在看不到裡面的狀態下只拿出一個球，再把這個球放回去。由於這人每年買 20 次冰淇淋，所以等於是重複 20 次從袋中取出球的動作。

換個說法，這個人等於是拿著一個正十面體的骰子，每年擲這個骰子 20 次。在骰子的十個面當中，有五面寫著哈根達斯，三面寫著森永，兩面寫著雪見大福。每一個人，依照他自己的偏好，都有一個喚起集合，都一樣是拿著與之相吻合的骰子，看他會購買某品類的產品幾次，就擲幾次骰子。就像是這樣的情形。把每個人擲骰子的動作，全部累積在一起，就是整體的「市占率」，市占率就代表著市場整體的偏好。但應該注意的是，先前的第 4 項法則。抱持著某一特定「喚起集合」的人，他的購買次數並不一定。消費者的品牌選擇，只依據偏好所決定的機率而定，與對於該品類的平均購買次數多寡是無關的。

6 應該把經營資源集中在顧客偏好上

到這裡為止，我們已經確認了品類、品牌、品牌之間的關係，全都受到消費者偏好的支配。假如據此做出結論的話，會推導出一個真理：「所謂的市場競爭，是在爭奪每個人的購買決定，而其核心就在於偏好」。彼得・杜拉克說，「企業的目的在創造顧客」，確實正如他所言。不過，創造出來的顧客所購買的商品或服務一旦形成品類，就開始上演市占率爭奪戰了。市場的大小可由以下算式計算。

市場營收
＝累計購買次數 × 購買一次的平均購買個數 × 平均單價

在這裡要爭奪的是，累計購買次數這部分的占有率。在購買一次的個數與平均單價上，並不會出現直接的爭奪。亦即，我們要爭奪的是購買決定。購買決定取決於該品類中消費者對於自家品牌抱持的相對偏好。**我們要爭奪的，不折不扣就是消費者偏好**。因此在市場競爭中，企業應該把最大比例的經營資源，集中在提升消費者偏好上。我必須強調，這是從數學角度推導出來，已經得到證實的真理。

一有機會，我就會強調增強行銷能力、從消費者觀點來驅策公司的必要性。各位已經能理解到，企業假如不重視消費者觀點，就無法在市場競爭中致勝的根本原因了嗎？就是因為，消費者偏好等於市場結構的DNA！愈是正確而徹底地理解市場結構，就愈能從數學角度理解到，與其去說從消費者觀點驅策公司一事有多重要，或是去說提升偏好有多重要，不如說一切全看偏好。此外，各位可能會覺得，除了偏好之外，只要讓消費者增加購買次數，企業不就也能成長嗎？但別忘了，購買次數這件事其實也是依偏好而定的一項因素。要在跳過偏好的狀態下控制消費者的購買次數，究竟還是不可能的。

我先簡單說明一下。正如在前面第三節處所說明的，品類的市場結構取決於偏好。就連消費者購買該品類商品的比例（滲透率：Penetration）、購買該品類商品的次數（購買次數：Purchase Frequency），都取決於消費者對該品類的偏好。例如，我對男性化妝品完全不感興趣（也就是我的偏好是零），因此我購買該品類商品的次數也是零。反之，我很喜歡娛樂類的東西，所以無論老婆再怎麼不爽，我還是會自然而然頻繁地在電影、動畫DVD、遊戲軟體、漫畫等娛樂品類的商品上消費，即便我腦中並沒有想著「我要買很多」。這意味著，購買次數也是受到偏好所支配。

提升消費者對我們的偏好，形同於提升市占率；而提升市占率的結果，除了營收直線成長外，也能提升公司的績效。這是因為，獲利率、鋪貨率、認知度等各種代表經營效率的指標之間會產生乘數效果，變成一種「成功又引發成功」的正向循環（伽瑪分配）。正因為這樣，**任何企業都應該把消費者觀點擺在第一位，將經營資源集中在提升偏好上**。在執行此一理所當然的法則時，企業的命運，很大一部分就取決於專業行銷人員的優劣了。一切得看他們在理解消費者、提升偏好的戰略與戰術方面是否專精。行銷人員想要創造出來的「消費者一定會選擇本公司品牌」的狀況，以及其背後的真正力量，就取決於消費者對公司品牌的偏好。這就是全部的真相。

第二章

策略的本質為何？

在第一章當中，我們已經知道，無論任何品類、任何品牌或是在不同品牌之間，都同樣有個共通的由消費者偏好決定的「機率」所支配的機制。據此推導出的結論是，市場結構的本質在於「消費者偏好」，它形塑出各式各樣的結構，催生出各式各樣的現象。在本章中要探討的是，我們該採取何種「策略」，才能在這樣的市場結構中存活下去？我希望盡可能簡單地讓各位了解到策略的本質。

1 找出能打贏的仗

要讓帆船前進，與其逆風而行，最好還是盡可能順風而行。要挖隧道，最好避開堅硬的岩盤，找質地較軟比較好挖的路線比較好。在海中游泳時，逆著潮水而游最浪費體力，是愚者才會做的選擇，應該盡量順著潮水的流向。像這樣的事，明明大家都很清楚，那為什麼在商業上，會有那麼多人形同閉著眼睛，朝著失敗機率較高的方向走，還開開心心的呢？

為什麼會沒有帶航海圖就出航，因而遭遇船難？為什麼會不調查地層的質地就挖洞，導致碰到堅硬的岩盤而挫敗？為什麼會犯下這種漫不經心的失敗呢？不就是因為，大多數人都沒有察覺到，自己是閉著眼睛在瞎闖嗎？假如只會在一片黑暗中做出商業判斷，失敗的原因當然也就一直埋藏在黑暗當中。當事人不會知道，自己是因為踩了沒必要踩的地雷而失敗，也不會知道，自己是因為一直逆著潮水游泳才會氣力用盡，也因此無從了解失敗的根本原因。

水由高處往低處流，這是大自然的天理。那麼，水能夠由低處往高處流嗎？雖然不是不可能，但必須耗費龐大的能量。要是手邊並無足以支撐那股能量的經營資源，那麼採取讓水逆著流的策略，在開戰之前就確定必敗無疑。那是絕對不該選擇、打從一開始就注定會輸的戰役。

在市場結構當中，存在著應該控制的因素，與難以控制（或無法控制）的因素。不單單是行銷策略，許多策略之所以失敗，是因為企業往往把諸多的經營資源，投注在自己無法控制的因素上，這樣的情形實在很多。

雖然說應該控制的因素才是能夠打贏的戰役，但其實要控制也沒有那麼難、那麼複雜，反而還挺簡單的。因為，在市場競爭裡，無論是企業可控制或應控制的因素，都非常有限。在本章裡，我會先讓各位了解，諸多市場結構當中共通的本質，再接著介紹一套適用於絕大多數市場的方法，來找出「能打贏的仗」。

2 策略的焦點只有三個

正如我們在第一章中確認過的，企業營收的最大潛力，取決於消費者對自家公司品牌的偏好。但這個「最大潛力」會受到「認知度」、「鋪貨率」等限制，最後才決定實際的商業成果。因此，假設市場規模固定，那麼想要提升營收，就只能靠三件事：1) 提高消費者對公司品牌的偏好；2) 提高認知度；3) 增加鋪貨率。這樣的話，為促進事業成長，應該把經營資源集中在哪個策略焦點上呢？

依我之見，商業策略的本質，其實非常簡單。總之，策略的去向也就只有三個而已。策略，也就是經營資源的分配對象，到頭來不出**偏好度（Preference）**、**認知度（Awareness）**、**鋪貨率（Distribution）**三者。其中，由於擁有無限可能性的只有偏好度，因此策略的終極焦點應該要放在提高消費者偏好上。我再重複一次，偏好主要取決於品牌權益、價格以及產品性能這三個項目。

換句話說，在訂定策略時，打從一開始，應著眼之處就只有這三項。在尋找公司品牌的問題點，或是在尋找足以成長下去的空間時，也是一樣。只要一開始就鎖定這三項商業驅動力去找，很快就能找到成功機率高的策略。在認知度方面有沒有進一步的成長空間？在鋪貨上能不能再多用點心思？有沒有方法能夠在偏好方面創造出嶄新的變化？要在腦海中集中於追蹤這三點，一面訂定假說，一面思考。這樣的話，就真的可以更快找出「能打贏的仗」。

一旦偏好度提高，就能提升公司品牌的最大潛力，事業就能成長。只要消費者相對來說更加喜愛公司的品牌，潛力變大自是理所當然。此外，就算偏好度維持不變，只要認知度與鋪貨率增加（代表限制變小了），事業也會成長。在本書中，把藉由提升偏好度而成長的前者，稱為「品牌的質的成長」；把藉由提高認知度或鋪貨率而成長的後者，稱為「品牌的量的成長」。

根據我的經驗，出問題的企業大部分不是偏好度方面的問題，而是在「認知度」與「鋪貨率」這些更明顯的地方出了大問題。由於認知度與鋪貨率會一口氣限制住品牌的可能性，因此若能予以提升，效果會很驚人。無論是提高認知度或鋪貨率，若是能到達某種程度，事業都可望直線成長。提升認知度與增加鋪貨率，是最好懂、也最確切的「能打贏的仗」。

例如，假設市場認知度與鋪貨率各為 50% 好了，原本由偏好度決定的品牌的最大潛力 100%，就會掉到 25%（最大潛力 1.0×認知度 0.5×鋪貨率 0.5 ＝ 0.25）。原本理當可以賣 100 個的商品，變成只能賣掉 25 個。只要能把原本各只有 50% 的認知度與鋪貨率的其中一個提升到 80%，就會變成能賣出 40 個。若能把二者都提升到 80% 的話，銷售量就能增為 64 個，是原本 25 個的兩倍多。

而重要的是，除了認知度與鋪貨率從 0% 到 100% 的這個「面積」的世界之外，我們還必須檢視「1 個百分點」這個部分的內涵，也就是「質」的世界。針對「質」的部分，容我在本章後段說明。

3 找出「認知度」的成長空間

首先，試著估算一下公司品牌及主要競爭對手的認知度。假設公司品牌在所處的市場中，消費者的認知度是 50% 好了，若能提升 10 個百分點到達 60%，幾乎就能確定營收也會成長 20%。

雖然極端的嗜好品有可能不是這樣的狀況，但當認知度上升時，商業成果也會跟著直線成長到某個程度。要是公司品牌的認知度和競爭對手比起來仍有成長空間，那就太幸運了，很可能就是「能打贏的仗」。首先就要試著擬定一下，能夠把成長空間給補上的策略。

不過，此時有一點要注意的是，雖然都叫「認知」，但就質來說，還是可以分成不同的層次。所謂「認知的質」，看的是消費者所認知的內容。消費者所認知的是只有品牌名而已，還是對於品牌的策略性品牌權益也有所認知？這會在消費者的購買行為上，呈現決定性的差距。例如，一個消費者只知道「戴森」（Dyson）這個品牌名；另一個消費者除了知道品牌名外，也知道「唯一吸力不減的吸塵器」這種宣揚該品牌產品如何好用的口號，那麼這兩人會購買戴森產品的機率，就截然不同。

一般用來做為指標的認知度，比較具代表性的有兩種：「有提示認知」（Aided Awareness；以品牌名稱誘導而測得的認知）與「未提示認知」（Unaided Awareness；未以品牌名稱誘導而測得的認知）。例如，以「您知道日本環球影城（USJ）嗎？」這個問題測得的認知度，就是「有提示認知」；以「一講到主題樂園或遊樂園這種集客設施，你會想到什麼品牌？」這個問題測得的認知度，就是「未提示認知」。

有提示認知適於測定認知的最大面積。不過，有些消費者就算腦中幾乎沒有該品牌的名字，但是在聽到品牌名稱時，還是會覺得「好像聽過這個名字」而回答「我知道」。有提示認知可能會把這種消費者也包括在內，這是必須留意之處。不過，即使如此，對於像今西先生那種預測需求的專家來說，有提示認知是最重要的認知資料。各位知道為什麼嗎？

那是因為，有提示認知的資料有很好的均一性。「你知道 A 嗎？知道、不知道」這樣的問題非常的單純，可以超越品類、品牌或是實施調查的時代，在任何調查中都很容易取得均一的調查資料。因此，從此得到的資料很容易比較，也很容易把它當作基準。雖然經過提示後，不知道該品牌的人也可能會回答知道，但因為在不同案例中產生偏誤的方式都很類似，因此在預測需求時，並不會成為很大的問題。

相較之下，如果是要促成消費，那麼要關注的認知的本質就變成，品牌是否存在於消費者腦中「覺得買了會不錯的幾個品牌群」當中，也就是它是否存在於消費者的「喚起集合」當中。像我這樣的專業行銷人員，就會比較重視「未提示認知」這個認知指標的增減。

在未提示認知當中，對於剛才那個問題「一講到主題樂園或遊樂園這種集客設施，你會想到什麼品牌？」，讓消費者最先回答出你的品牌名稱，是很重要的。最先被消費者講出品牌名，這光榮的比率，稱為「品牌認知度第一提及率」（Top Of Mind Brand Awareness）。由於品牌認知度第一提及率與品牌認知度第二提及率與消費者的喚起集合的相關性很高，所以我格外重視。

定期測定這些認知指標，觀察其增減趨勢以及與競爭對手間的差距，對行銷來說是基本中的基本。

把未提示認知以及品牌認知度第一提及率等資訊都納入觀察後，就能慢慢看出光靠有提示認知所無法看出來的，可協助品牌成長的認知度成長空間。順帶一提，只要不是壓倒性的第一品牌，大多數狀況下，在認知的面積當中，或是在認知的質上，都會存在著某種成長空間。就算是壓倒性的第一品牌，只要仔細分析認知的質，不少時候也還是能找到還可以成長的餘地。只要在認知度方面找到進步空間，就很可能成為「能打贏的仗」，所以必須要很有耐性地做好分析工作。

不過，問題在於，主事者必須判斷，公司能夠分配多少經營資源，或說應該分配多少經營資源，在這些提升認知度的策略上。就算同樣增加 20 個百分點的認知度，一個是從 20% 提升到 40%，一個是從 70% 提升到 90%，那麼後者所耗費的行銷費用，就會多了好幾倍。因為，每單位費用的認知度成長幅度是會逐漸遞減的。所以就必須檢視，提升認知度的策略與其他策略，何者比較簡單、便宜、確切。

此外，視品牌的不同，擴大認知度的面積，有時候未必就能促成事業的長期成長。像是購買的消費階層有限的超級嗜好品或是高級品牌，就會出現這樣的情形。例如，像法拉利那種超級高檔車，就算透過電視廣告大幅提升認知度，市場裡絕大多數的消費者還是買不起該價位的商品。因此，每單位行銷費用帶來的營收成效，一定不會太好。更不用說還可能因為採取大眾行銷（Mass Marketing）的手法，而帶來「破壞品牌的目標消費者所偏好的高級感、獨特感」的風險。

像這種高級品牌，就要把經營資源盡量集中在可能購買的狹小消費者階層中，提高對顧客的人均行銷費用，才是比較有利的。這種狀況下應該要測定的是，在富裕階層中，第一品牌提及率的增減才對，而不是在把一般人也包括在內的認知面積中去測定。這可以說是一種力求提升認知的深度（質）而非擴大認知面積的行銷策略。

◆ Case 1：如何創造 90% 以上的全國認知度！？

現在來介紹我們在認知度方面煞費苦心的實際例子。2014 年 7 月，USJ 賭上全公司命運，投入龐大資金開設了「哈利波特魔法世界」（Wizarding World of Harry Potter）。為了讓它成功，認知度是說什麼都必要的。現在就來談談，當時我們實際上是如何得到那樣的認知度的。哈利波特設施必須要能增加多少來客人次？根據需求預測模型，推導出來的結果是「200 萬人」。而這個需求預測所需要的認知水準是，必須有驚人的 90% 以上的全國認知度。不是在關西當地或是哈利波特粉絲當中的 90% 以上，而是在從北海道到沖繩為止的整個日本，讓全體日本國民有 90% 以上對它有所認知。

這意味著，走在路上的十個男女老少當中，必須有九個人以上知道「USJ 新成立了一個很棒的哈利波特主題樂園」。而且我們的任務是，必須在開幕前後短短半年內就達成才行。了解大眾行銷的朋友應該知道，要在半年內把全國所有消費者的認知度提升到 90% 以上，是極為困難的事。首先，若要以純打廣告的方式推動，則所需費用甚為驚人。就算我們有足夠的資金純打廣告，也做不到讓那些原本不怎麼關心此事的階層都對此有所認知。

除了哈利波特的粉絲群，以及對什麼都感到興趣、記憶力也很好的年輕階層以外，必須讓 40 歲至 59 歲，乃至於 60 多歲以上的中高年齡層，也都確實形成對該主題樂園的認知，才有可能實現 90% 以上的全體認知度。而且，除了很容易會想要到 USJ 玩的關西當地民眾之外，連住在遠地的民眾，也必須讓他們形成認知才行。需求預測模型已經清楚告訴我們，唯有把認知的範疇擴大到這麼大，才有可能實現增加多達 200 萬的到訪人次。所以我們也只能硬著頭皮上了。

於是，我們盤點了 USJ 可能用來打電視廣告等純廣告的經營資源。得到的結論是，以 USJ 的能力，就算再拼，透過純廣告能夠達成的認知度，最多也只有到 75%。由於單位費用所帶來的認知形成效果會遞減，從 75% 提升到 90% 的這 15 個百分點幅度，若要以純廣告來實現，所需要的費用，會是把認知度提升至 75% 的費用的兩倍以上。認知度愈是提升，就愈難繼續提升下去。因為，隨著認知度逐漸上升，在剩下的空白區域裡，「難觸及的消費者」所占的比例就會愈來愈高，也就是那些媒體難以觸及、也很不關心這方面資訊的消費者。

因此我們想方設法之下，做了一個決定。先致力於開發電視廣告等純廣告，提升其品質，把認知度拉到 75%；至於剩下的 15 個百分點，就用網路的數位行銷以及公關活動的力量來補上，也就是要以較少的費用設法實現。該怎麼做，才能讓「USJ」、「哈利波特」這些字眼經常維持在網路搜尋關鍵字排名的前面名次呢？如何才能在日本雅虎首頁或 LINE 新聞中頻繁曝光呢？如何才能讓觀眾一打開電視，不管看哪一台，不管看資訊節目或綜藝節目或新聞節目，都能看到 USJ 開設哈利波特專區的消息呢？全國認知度達到 90%，意思就是必須成為全日本最大的話題，成為大家最關心的事，成為和奧運或萬國博覽會同等級的地位才行。

但是有一個很嚴重的問題。雖然目前 USJ 已經有還不錯的評價，但當時的各大媒體，對於 USJ 有所關心的，還是少之又少。雖然 USJ 在關西當地受到還不錯的關注，但在推動全國宣傳時最重要的、全國五大聯播網在東京的核心台，對於 USJ 的關心卻十分薄弱。這或許是人在關西的我自己的偏見啦（笑），我覺得東京的多數媒體，都很自負於自己是在日本的中心地帶東京工作，所以對於東京或關東以外的地區，未必會那麼關心。

再者，關東已經有一個東京的媒體人愛不釋手的東京迪士尼度假區（TDR）了，所以我們的感覺是，大半甚至絕大多數的東京媒體人，會覺得「USJ？那什麼啊？是外地的遊樂園吧？」即使如此，我們還是多次邀請關東的媒體前來採訪，但我深切體會到，要花時間與費用，派遣採訪團隊到關西的門檻很高，十分嚴峻。那時我們只覺得，就算哈利波特開幕了，就算它的規模何等壯大，品質如何優秀，就算它是全球最高水準的主題樂園娛樂的結晶，但要讓民眾對它的強烈關注，變成像對奧運或萬國博覽會那樣，與其說是夢想，不如說是痴心妄想。

在這樣的狀況下，我一再絞盡腦汁地思索著，有沒有什麼方法，可以不花錢就在全國得到 90% 以上的認知度？最後我心生一計，擬定了一個特別的策略。我當時的思考迴路是這麼走的：為贏得 90% 的全國認知度，就只能掀起一股席捲全國的宣傳旋風。既然這樣，就必須事前把媒體對於 USJ 不夠關心的問題處理好。媒體人士喜歡採訪的企業有兩大類，不是大企業，就是成長企業。USJ 不可能馬上變成大企業，所以就來成為媒體人很少見到的、應該予以關注的「成長企業」吧。事實上，USJ 當時確實是從過去的艱辛狀況中，如鳳凰般浴火重生，身處於通縮時代，卻一面漲價一面衝高來訪人次，是一家實現了 V 型反轉復甦、成長態勢驚人的企業。

我該如何在媒體圈內創造出「USJ 是一家應該關注的成長企業」這樣的認知呢？那時我認為這會是成敗的關鍵。「好，我來寫書！」我的妙計是，「把 USJ 的 V 型復甦過程寫成書，讓它成為暢銷書，以在媒體圈子創造出『USJ 是一家應予以關注的企業』這樣的認知」。媒體人士對於這個世界關心的事情十分敏感而敏銳，因此我確信他們一定會讀暢銷書。小弟好歹是做行銷的，我認為自己有一定的勝算，只要我認真賣，把一本商業書推上暢銷書排行榜應該是做得到的。而這樣的游擊式行銷的妙計，可以不花公司一毛錢（但耗費了我個人大量的勞力），就直接把我想要傳達的資訊，傳達給我們鎖定的目標對象——媒體界的諸位大德知道。

於是我從 2014 年 7 月的開幕日，回推所有計畫的時程表。我在忙得要死的 2013 年 10 月至 11 月的六個星期內，完全不動用上班時間，把自己的私人時間幾乎都花在寫出一本書上了。寫出來的就是我的處女作《雲霄飛車為何會倒退嚕？創意、行動、決斷力，日本環球影城谷底重生之路》（角川文庫）。這本書是以我的觀點談論創造點子的技術，以及 USJ 戲劇性地逐步實現 V 型復甦的真實故事。雖然我一開始的寫書動機是為了讓哈利波特專區成功，但開始動筆後，我想說至少可以寫點對這個社會有幫助的東西，於是在全無文采之下，我辛苦地一個人邊哭邊寫出了那本書（笑）。

這本書是在隔年的 2014 年 2 月底出版的。一如我的計畫，它在 3 月上旬時進入了商業書暢銷榜。各方人士突然間都向敝公司的公關團隊洽詢相關事宜，書也愈賣愈多（這段時間貨真價實呈現出如教科書上寫的伽瑪分配那樣的走勢），3 月底時我可以感受到，自己的初期策略目標已經成功了。我心想：「毫無疑問已經傳達到媒體那裡了！」於是，我抓準了媒體人士在粗略看了拙作後，已經理解到 USJ 從谷底翻身的故事，以及我們把一切賭在哈利波特這個龐大計畫的決心，就照著計畫實施下一道妙計。

在我的拙作出版七個星期後的 2014 年 4 月 18 日，首相安倍晉三與美國駐日大使卡洛琳・甘迺迪（Caroline Bouvier

Kennedy），特地來到位於大阪的 USJ，在哈利波特的城堡前，幫我們宣布，哈利波特園區將在 7 月 15 日盛大開幕。我想，那時應該有許多媒體人士都深感震撼。

為何一國的首相與美國大使會一同前來，而且還是在歐巴馬總統即將訪日前忙得不可開交的時候，特地前來大阪，幫不過是一家私人企業的 USJ 的設施宣布開幕日呢？至今也常有人問我是怎麼做到的，其實完全不是靠 USJ 自己的力量，而是在促進入境旅遊、提振日本觀光業活力這樣的「正當理由」下，誠心奉獻自己的政府官員們，贊同了我們的計畫使然。我打從心底感謝，為了實現這次的活動，而幫我們奔走的諸多朋友們。

我認為，託這個令人震驚的活動之福，許多媒體人士開始體認到，USJ 的哈利波特園區是一個非採訪不可的對象。那時，我們拼命要讓它站上有如萬國博覽會或奧運那樣、全日本舉國關注的地位。自 2 月底起，因為我的拙作而開始形成的「USJ 是一家值得關注的成長企業」這樣的認知，以及 4 月 18 日的這場活動，目的其實都是要讓媒體界形成對我們的認知。也因為這樣，7 月 15 日開幕時，才會有多得驚人的攝影機以及諸多媒體大德，撥冗來到 USJ。在那前後的媒體曝光，不但量多而且質精，假如換算成媒體曝光價值的話，是 2001 年 USJ 本身開幕時的十倍以上，相當驚人。

以結果來說，對哈利波特園區的認知形成，超過了我們原本設定的全國 90% 以上的目標，測量出來的數字竟然是「100%」。

認知度高到比原本的設定還多 10 個百分點，這也是後來我們增加的來客人次，大幅超過原本預計的 200 萬人的主因之一。

4 找出「鋪貨率」的成長空間

所謂鋪貨率（Distribution），是指在市場中有多少百分比的消費者在想要買你的商品時，就真的買得到，就是這樣的一個指標。例如洗髮精這樣的消費品，在全國所有會賣護髮品類商品的零售店當中，比如說藥妝店（松本清等）、綜合超市（永旺、伊藤洋華堂等大型超市）或是居家 DIY 百貨業者 Home Center 等業者，只要是有賣自家品牌的產品，其店鋪數所占的比例，稱為「店數鋪貨率」。此外，為了反映出一家大型藥妝店與小鎮上的一間小藥局在商業規模上的差異，而根據店面的營收規模或該品類的營收規模，針對店數鋪貨率做加權計算得到的「營收加權鋪貨率」，也是常用的指標。

鋪貨率若仍有成長空間，也是很幸運的。和認知度一樣，營收加權鋪貨率若為 50%，只要能再拉高 10 個百分點，變成 60% 的話，幾乎可以確定營收也會成長 20%。假如發現鋪貨率有大幅提升的可能性，不要只交給業務單位去處理，必須運用行銷智慧，思考如何才能逐步實現其可能性。不過，所謂的鋪貨率，意味著要和眾多競爭品牌彼此搶奪占有率，要爭奪具體但有限的架上空間，是十分白熱化的戰爭。要想把現況下的占有率扭轉為有利於自家品牌，必須耗費龐大的心力。簡單說，看在零售店的眼裡，自己的架上空間有限，因此會希望架上擺的各公司品牌的組合，能夠促成營收的最大化，而這個組合當中，未必會需要我們公司的品牌。

零售店要讓貨架營收最大化，關鍵在於在上架時，能否滿足造訪該店的購物客群的偏好。店內固然會有偏好各不相同的客人前來，但如果沒有把適合其偏好的商品群擺到架上，零售店就失去了增加銷售的機會。由於不同店家的客層會有很大的差異，上架貨品的安排，最好能配合來店購物客層的屬性，分別針對各個品類商品做調整，加以客製化。例如，都會型的藥妝店，購物客層會比較偏向年輕女性，因此商品上架時，就應該把重點放在因應她們的偏好上；但如果是中高年齡的客層或家庭客層比例較高的郊區型 Home Center 店面的話，架上的商品安排，就會截然不同。例如，在護髮產品方面，都會型的藥妝店會在貨架上多放一些比較高嗜好性、高單價的品牌；但郊區型的 Home Center 店面，上架就會以所謂老字號品牌為主，而且會堆放許多大包裝的商品讓顧客看到。

也就是說，自家品牌的商品，對每一家零售店來說，能否「扮演具體角色」，是極其重要的。在各家零售店客層的偏好當中，要是自家品牌能夠扮演獨特的角色，這角色愈是跨越不同店鋪型態，普遍性愈高，鋪貨率也就愈容易衝得更高。看是要對該店的銷售額有貢獻，或是在拉高檔次的策略下對於提升零售店該品類的銷售單價有貢獻、對獲利率有貢獻、對獲利金額有貢獻？我們必須讓公司品牌的商品，在零售店的定位比競爭品牌來得明確。這樣就能擴大鋪貨面積（市場涵蓋率），讓營收直線成長。

此外，不要只顧著公司目前既有流通體系中的鋪貨率的潛力大小，也必須經常在腦海中持續摸索，從全公司的角度，有沒有什麼創新手法能夠大幅拉高鋪貨率。全球最大碳酸飲料廠商可口可樂，正是因為大幅改革了鋪貨體系，才成功地稱霸全球。該公司發明了加盟的方式，把自己公司的業務集中在品牌行銷以及原液的販賣上，再徵求裝瓶商在當地生產與銷售。在這樣的體系下，除了能夠在離消費者更近的地方生產，把更新鮮的商品提供給顧客之外，原本建構物流系統所需要的經營資源，就變成可以仰賴其他公司了。託此一新體系之福，可口可樂公司在短短的時間裡，就把鋪貨點擴大到全美，繼而稱霸全球。

最近，日本引以為傲的三得利公司（Suntory），據聞斥資上兆日圓收購了美國 Beam 酒廠。講到 Beam 公司，是一家旗下擁有「金賓」（Jim Beam）等多個世界級品牌的烈酒製造商。那麼高的收購價固然也令我驚訝，但我認為，三得利為的不只是得到這些強力品牌，最大的目的應該還是獲得銷往全美、全球的強力銷售通路，以及學習國外的經營知識。我的老東家寶僑公司也一樣，1985年時收購了理查森·維克斯（Richardson-Vicks）公司，在銷售通路得到大幅強化下，全面改善了鋪貨狀況，其後在全球創下飛躍性的成長。像這樣買下整家公司固然是大手筆，卻是一種大幅提升鋪貨的嶄新方式。

還有另一個重要的觀點。除了提升鋪貨率、擴大面積外，配合消費者偏好改善「鋪貨品質」，也能夠讓事業飛躍性地成長。所謂「鋪貨品質」，意思是同樣 1 個百分點的鋪貨率，在店面得到的待遇，仍可能有天壤之別。公司品牌的商品鋪貨到某家店是一回事，但實際的鋪貨品質，仍可能有很大的差異，像是鋪貨了多少 SKU（Stock Keeping Unit；是指商品的最小管理單位）、SKU 的組合與該店的顧客偏好是否契合、在貨架上占到的位置是否有利、是否訂在理想的價位等等。改善鋪貨品質，也就是在質的方面改善鋪貨內容，也能夠提升每鋪貨單位的營收，進而大幅改善事業狀況。

◆ Case 2：改善鋪貨品質，讓事業成長吧！

這是我到位於美國辛辛那提的寶僑全球總公司工作，從 2004 至 2006 年負責北美潘婷的品牌行銷工作時的故事。那時，北美的潘婷是壓倒性的強力品牌，日本潘婷根本無法與之相提並論。它是北美護髮市場的第一品牌，每年輕輕鬆鬆賺到的利潤，就比 V 型復甦前的 USJ 營收還高，是寶僑最強的品牌之一。我是寶僑全球總公司少見的日本人員工，卻前往擔任這個強力品牌的品牌經理，和美國人一起工作，因此我面對的阻力是很大的。

不過，雖然潘婷是這麼一個強力品牌，但大品牌也有大品牌的煩惱：北美的品牌團隊當時煩惱的是，要如何讓它再繼續成長下去。由於我的英文能力贏不了美國人，因此我決定用頭腦一較高下。我一如往常地運用數學行銷的力量分析市場，透過徹底的分析，希望找出如何讓已經很大的北美潘婷這個品牌，繼續變大下去的成長策略。而我著眼的點在於，「鋪貨」方面存在著很棒的改善空間。

當時的北美潘婷，是一個壓倒性的強力品牌。無論用店數鋪貨率計算，還是用營收加權鋪貨率計算，它都已經到達 98%、99%，幾乎趨近於 100% 了。因此，當我在會議中提出「我要透過改善鋪貨，讓事業有所成長！」時，我那些美國人部下當中，有人發出了瞧不起我般的笑聲。不過我的著眼點不在於趨近於 100% 的鋪貨面積或數量，而是在「鋪貨品質」方面還有很大改善空間：把數量龐大的潘婷 SKU 數，依照各店家類型的不同，配合其消費者偏好，逐步做好最適化。我稱之為「店頭 SKU 最適化計畫」。

由於潘婷當時是壓倒性的第一品牌，不斷有新 SKU 發售，因此 SKU 的數量，事實上高達好幾百種。美國零售店的規模，絕大多數都相當於日本的大型 Home Center 分店，或者還更大，因此在店面會看到真的有大批的 SKU 擺在那裡。此外，由於美國是一個多民族的國家，大家的髮質或頭髮方面的煩惱之多樣化，都不是日本人所能比擬。由於有版本繁多的潘婷產品，以種類豐富的大小包裝銷售，因此 SKU 的數量，很容易就增加到非常誇張的地步。

其結果是，消費者一到店面，就會為他們稱之為「白牆」（White Wall）的潘婷白色包裝而咋舌。在很多店家裡，潘婷產品的種類與數量都多得驚人，由上到下擺滿一整個巨大的貨架。託這面白牆之福，無論在任何一家店，任何人都能馬上看到潘婷這個品牌的商品擺在哪裡。這一點固然很棒，但站在白牆前的消費者，卻會變得很難從中找到適合自己的那個最關鍵的 SKU 在哪裡。再者，由於店裡龐大的 SKU 都是多年下來一直把新產品加進來所形成的，因此其組合就未必能妥善因應消費者的偏好。

若問我為什麼會察覺到此事，是因為如同第一章提過的，我很清楚「市場中各用途護髮產品之市占率，正代表著消費者在整個市場裡對各用途護髮產品的偏好」這樣的本質。在我把不同款潘婷的 SKU 數分配，拿來和整個市場的偏好相比較的那一瞬間，我就發現到其中有落差（成長空間）。再來，就只要分析不同店面類型的零售店之購物客層偏好，透過計算推導出能促使營收最大化的既有潘婷的 SKU 最適組合，就可以了。

總之，是很簡單的情形。我舉個例子，「在棒球比賽中，共有30名選手，但只有9名可以上場時，要派誰上場呢？」我的話，會從參差不齊組成的這支隊伍中，找出打擊率低的選手，迅速把他拉離隊伍，然後挑選 9 名打擊率高的選手出賽。機率，也就是團隊打擊率當然就會變高。只要注意不要被競爭對手搶走貨架空間的占有率就好，維持和目前的白牆同等的面積，從中替換出最適組合，而且要用讓購物者最好選購的方式排列與設計貨架，導入依貨架上的商品別設置貨架的做法。

這麼做之後，帶來了三個好處。其一當然就是店頭的銷售額增加了。我們調整了 SKU，讓它不至於過多或不足，在店頭擺出足以涵蓋更多來店購物者偏好的商品組合，因此白牆的攻擊力更勝以往。再者，在視覺上也比過去更容易選購，所以購物者伸手拿取與自己有關的商品的機率，也會變得更高。明明貨架空間占有率完全沒有變多，但像是在沃爾瑪（Walmart）的試辦店，銷售額甚至還成長了 47%。

第二個好處是，從涵蓋市場偏好的角度來看，我們得以大量撤除效率極差的 SKU，因此也使我們在生產與庫存上節省了大量成本。營收增加，成本又降低，雙重效果下，就讓公司更賺錢了。第三個好處是，原本嘲笑我的那些部下，以及對我很不客氣的其他部門成員，在這件事之後，全都變得很信任我，乖乖地跟隨我了（笑）。在美國寶僑總公司的護髮產品部門中，那時也只有我一人懂得這種運用數學的把戲。

如此這般，鋪貨的課題，不光是鋪貨面積而已，還必須探討鋪貨品質是否也有改善的空間。店面空間可以呈現出消費者挑選品牌時的真實情況，也是整個市場的縮影。正如潘婷那樣的壓倒性強勢品牌，在鋪貨上都尚有很大的成長空間，很多品牌無論在鋪貨的量或是質上，都和認知度一樣，是最應該投注經營資源的所在。事先理解到這一點，是很重要的。

5 找出「偏好」的成長空間

終於要進入本章最重要的部分了。在策略的三個焦點當中，由於偏好決定了一個品牌的最大潛力，因此最為重要。也正如我說明過的，認知度（Awareness）與鋪貨率（Distribution）都會因為其上限，而限制了偏好所決定的公司品牌的最大潛力。現在就來看看策略的本質——消費者偏好。

首先，要解釋一下「究竟何謂消費者偏好？提高消費者偏好到頭來是怎麼回事？」。如同第一章時說明的，公司品牌獲選的「機率」，背後的真正身分「消費者偏好」，可以用下面的式(1)，負二項分配的式子計算出來。各位固然沒必要懂得如何去計算這個算式本身，但我們還是試著了解這個算式裡的「M」與「K」這兩個變數的意思，以對偏好有更深的理解。

NBD 模型（出現 r 次的機率）：$P_r=\dfrac{\left(1+\dfrac{M}{K}\right)^{-K}\cdot\Gamma(K+r)}{\Gamma(r+1)\cdot\Gamma(K)}\cdot\left(\dfrac{M}{M+K}\right)^{r}$

式(1)

在這個看似複雜的算式中，有看到「M」與「K」這兩個符號吧？看了這個式子，可知公司品牌獲選的機率（P），取決於 M 和 K。但事實上，我們應該去控制的，只有 M 而已。

M 是什麼意思呢？M 就是獲選的機率。在數學上，M 是把公司品牌被全體消費者選到的累計次數，除以消費者人數而得。例如，請試著想像看看，選舉時，假設我們是在一個不像現實世界那樣受到投票日與投票數（一人一票）限制的世界裡投票。那是個有如 AKB 總選舉般的世界。在那個世界裡，一定期間內，不管何時、不管對誰、不管投幾票、甚至於不投票，都是自由的。在那個世界裡，把一定期間內投給本公司品牌的所有投票數，除以有選舉權的所有人的總數，也就是「（一定期間內對於本公司品牌的）人均投票數」，就是 M。若是 AKB 的總選舉，把對成員 A 子小姐的總投票數除以總人口（沒投票的人也包括在內），算出來的就是 M。之所以要把沒投票的人也包括在總人口中，是因為若不把不投票這個選擇也放進去，將無法正確計算出市場整體的機率。

那麼，所謂的 K 是什麼呢？K 是一個指標，它決定了消費者的購買機率會呈現何種形狀的分配（Distribution）。為理解「購買機率分配呈現的形狀」是什麼意思，我們舉一個很容易理解的假想的拉麵店的例子來看。我這個客人經常會去某家拉麵店。我每星期去幾次左右？只要把一年內我總共去了這家拉麵店的次數，除以總週數 52（一年有 52 週），就能算出一週的平均購買次數。

假設，我一週的平均購買次數是 5 次（M=5）好了。

請看圖 2-1。這是以一週平均購買次數剛好為 5 次（M＝5）的某個人為例，呈現出他在某一週的實際購買頻率的分配情形。就算我在這家店購買拉麵的頻率，長期來說（一年下來）是一週平均 5 次，但某一週我前往該店的次數，未必剛好就是 5 次。可能某一週去了 10 次，也可能另一週完全沒去，是 0 次。

也就是說，從 0 次到 12 次，不同的購買次數都各有其機率，所有購買次數的平均為 5 次（M＝5）。例如，依照此圖，我一星期到那家拉麵店 4 次的機率約為 0.18（18%）。把這些機率全部加起來，會等於 1.00（100%）

圖 2-1　個人：長期平均購買次數為 5 次時的分配

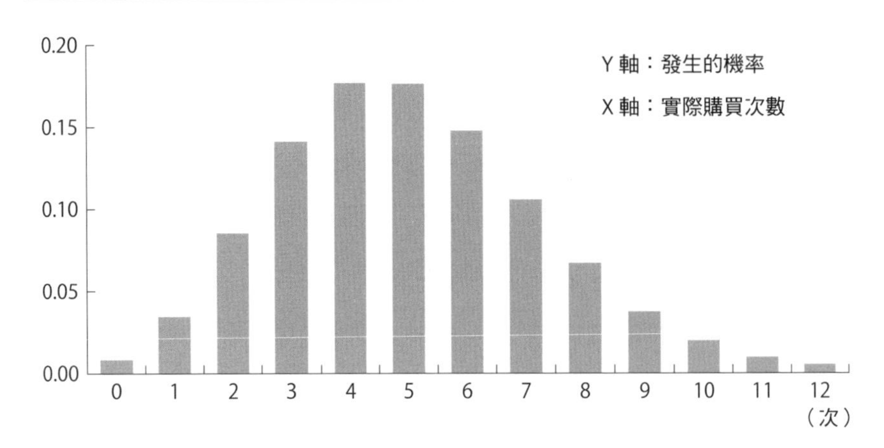

注 1：從長期觀點來看，消費者個人的購買行為，是在一定的機率下發生的（以這個例子來說，平均購買機率為一週 5 次）。其機率分配呈「卜瓦松分配」（Poisson Distribution）。欲知詳情的朋友請參考卷末解說 1。

好了，看到這張機率分配的圖，可以看出從 0 次到 12 次為止的機率，呈現出有如一座平緩山峰的形狀。這個形狀就是「購買機率分配的形狀」。

接著請看圖 2-2。這是消費者整體購買機率的分配圖，三者雖然平均值 M 都等於 5，但光是透過改變 K，分散的形狀（機率分配的形狀）就會變得這麼大不相同。乍看之下，在視覺上的印象，會覺得只有 A 曲線的平均值是 5，但其實 B 曲線與 C 曲線的平均值也都是 5。此外，三條曲線的圖形面積也都剛好是 1.00（100%）。K 就是這樣左右著機率分配的形狀。但正如光是改變 K，這三條曲線的總面積也不會改變一樣，K 不會對營收有直接的影響。

圖 2-2　消費者整體：分配的形狀（M=5）

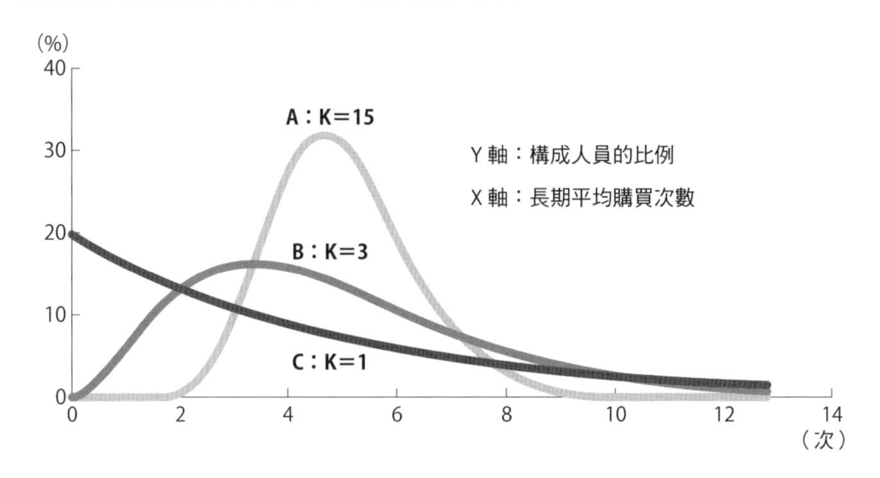

注 2：先前我講過，個人的購買行為呈「卜瓦松分配」。但以消費者整體來說，其中的無數名個人的平均購買機率，會呈現「伽瑪分配」。在 NBD 模型中，K 決定了分配的形狀。欲知詳情的朋友請參考卷末解說 1。

若這家拉麵店的口味有了顯著的提升，使得它在市場中的偏好大幅強化，各位覺得會有什麼變化呢？到那時候，由於 M 會擴大，其結果就是 K 也增加了，購買機率的分散程度也會變高。圖 2-3 是這家拉麵店（K＝1, M＝5）顯著改善口味後，M 變成 10 的時候的長期購買機率分配圖。如各位所見，K 也增加了，購買頻率較高的人所占的比例上升了（分配向右方擴散），分配的分散程度也變大了。

要是我針對 K 寫得再更詳細下去，會變成一本太過專門的書，因此想更認識 K 的朋友，請參考卷末解說 1。在此，只需對兩件事有大概的了解就很夠了。1）K 決定了機率分配的分散形

圖 2-3 M 從 5 增加到 10 時，整體消費者的分配情形

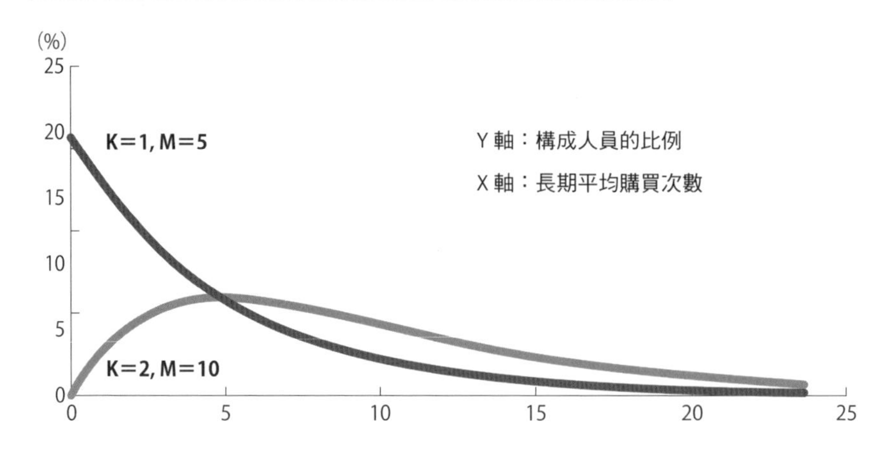

態；2) K 最後是由偏好（M）所決定的。

重要的是，由於最後 K 是由消費者偏好所決定，因此事實上並非我們所應該直接控制的因素。K 固然決定了機率分配的形狀，但它沒有決定 M。是 M 決定了 K。而為了拉高代表獲選機率的 M，我們應該控制的因素就只有「偏好」而已。我們應該著眼的策略焦點，就是 NBD 模型裡的 M，也就是提升偏好。我再說一次，所謂的 M 是「對本公司品牌的人均投票數」。也就是說，所謂策略的本質，就是要去思考，如何才能在整體市場中，增加對本公司品牌的人均投票數，就是這樣（擅長數學的朋友，或許會有一個疑問，覺得我們把原因和結果混為一談了。但我們確信，其原因與結果是表裡一體的。想要仔細驗證的朋友，請參閱卷末解說 1 的論證）。

以 AKB 的總選舉為例，來思考一下能夠增加偏好（即 M）的策略吧。先前我提到，把對成員 A 子小姐的總投票數除以總人口（包括沒投票的人在內），也就是「人均投票數」，就是 M。各位覺得，這個 A 子小姐若想在下次的 AKB 總選舉中增加得票數、提升排名的話，她有什麼樣的策略可以選擇？在提高偏好的策略當中，主要有兩個選項。其一是偏好的水平擴大，也就是讓 A 子小姐的粉絲數漸漸增加、擴大下去的策略。另一個選項是偏好的垂直擴大，不是去增加她的粉絲人數，而是讓既有的粉絲每個人投更多的票。

為增加新粉絲而在水平方向上強化偏好，會比較好嗎？或者，透過提供特別的粉絲服務等方式，在垂直方向上強化偏好，讓已經投票的人再增加投票數，會比較好呢？根據我的經驗，和偏好的垂直擴大比起來，水平擴大似乎比較容易成功。我有這個感覺。假如計算何者更能提升 M，水平方向往往比較簡單。主因之一在於，與其深入開發既有的消費者，還不如去外面發掘新的消費者，因為外面的市場往往大得多。A 子小姐的情形也是，還不是粉絲的人數，遠比既有的粉絲人數要來得多（包括未投票的絕大多數人在內）。

垂直方向的偏好擴大，理論上會在什麼狀況下成立呢？特別只針對既有粉絲打動他們的心，藉以大幅提升偏好的情形，就屬此類。要是 A 子小姐開始只對特定粉絲給予特別服務，就會變成那樣吧。除此之外，比如說現在要為民眾對它的好惡差別很大的「臭魚乾」這種食材，舉辦一個讓它的氣味加倍的活動好了。結果應該不會是「開始喜歡臭魚乾的人變多」，而會是「在臭魚乾既有的粉絲當中，有人增加購買次數」吧。這是在垂直方向上擴大偏好，也就是增加 M 的一種方法。理論上是可行的。不過實際上，在 A 子小姐的例子裡，若能在垂直方向上讓他們（既有粉絲）投更多票，絕大多數狀況下，粉絲的範疇也會擴大，也就是水平方向上也會比原本擴大。

這是因為，當 A 子小姐的魅力度（偏好）大幅強化時，要像臭魚乾那樣只打動既有粉絲的心那樣的情況是很難想像的。一旦 A 子小姐的魅力度（偏好）大幅增加，市場上可以說就很難避免會出現更多的人想成為 A 子小姐的粉絲。請回想一下先前左右了分配形狀的指標「K」。在偏好大幅增加之下，「K」會慢慢地更往整體擴散（分散程度變大）。一個變得更有魅力的東西，大家也都會變得更喜歡它（擴散而使得分散程度變大）。與此同時，就結果來說，在垂直方向上也一樣，原本就喜歡 A 子小姐的人，也會變得更喜歡她。

把市場整體的偏好逐漸往水平方向拓展更多這件事，常是公司品牌會採取的基本策略。藉由增加公司品牌的魅力，贏得新消費者，再逐步增加公司品牌在市場整體中的「M」。為此，在消費者當中要鎖定誰為客群？此一策略性思考方式，是行銷中的「WHO」，也就是目標客群的選擇。要注意的是，別讓為了得到新顧客而增強的偏好，破壞到既有顧客的偏好。畢竟，重要的是，要持續做出足以讓公司品牌的偏好度總和加起來構成的「M」能夠增加的選擇。

現在來做個重點整理。也就是說，**區隔消費者、選擇目標客群，目的在於增加M，絕不是為了讓公司品牌的M變窄**。我認為很多行銷人員都沒有理解到此一本質，就急著採取選擇目標客群或是與競爭對手差異化等做法，使得重要的公司品牌的M，沒必要地變小了。說起來，**讓公司品牌在整體市場中的魅力度（偏好）擴大，才是目的**；選擇目標客群，只是採用的手段之一而已。行銷人員若能自覺到「選擇目標客群是為了要增加公司品牌的M才做的」，應該就能為公司品牌的偏好，找到正確的拓展空間了。

◆ Case 3：如何提升對USJ品牌的偏好？

正如到此為止我所說的，如果只把行銷目的鎖定在提高特定目標客群的偏好，視野就會流於狹隘。行銷目的應該放眼於市場整體的偏好上，要有效率地為公司品牌逐步贏得市場整體的偏好（增加M）。而選擇目標客群、提升其偏好，只不過是一種手段而已，為的是「捕捉到更多市場整體的偏好」這個遠大的目的。

我在五年半之前到USJ報到，那時我拼命思考，要讓USJ這個品牌在市場中的偏好變高，有什麼是我可以做的。我最先察覺到的是，喜歡USJ的消費者，和喜歡東京迪士尼樂園的消費者比起來，非常偏某些族群。我就直截了當地說吧，喜歡東京迪士尼樂園的，從小孩到大人都有，從單身到家庭都有，不折不扣真的是粉絲群遍及男女老幼，範圍很廣。相較之下，USJ的粉絲群非常集中在大人，特別是單身女性階層。這是一種分配形狀的指標「K」的數字很小，分散程度本身也很小的狀態。這意味著，和東京迪士尼樂園比起來，USJ在市場整體的偏好弱了許多。

在力求提升品牌的偏好時，實戰經驗不足的行銷人員，最常犯的錯是，滿腦子只想著要在既有的特定目標客群當中提升偏好度。但我們應該先銘記於心的是，要追求的畢竟是公司品牌在市場整體的偏好度提升。再講白一點，那會是一場為了增加USJ的「M」而打的戰爭。該如何在整個市場裡，增加購買USJ門票的粉絲人數？就是這樣的一場比賽。如前所述，應該要經常意識到從市場整體取得新顧客的方法，而非只想著要進一步在既有顧客身上下手。

處於這樣的觀點之下，那時我想到了不少很明顯能夠很有效率地增加粉絲的做法（偏好度往水平方向擴大），而非投資在USJ既有的愛看電影的粉絲群上，讓他們更加喜愛USJ（偏好度往垂直方向擴大）。也就是說，那時我確信，只要能認真改善過於狹隘的目標客群範圍以及只能滿足限定範圍的消費者偏好的過於狹隘的影城內容，USJ在市場整體就能大幅贏得偏好度，更加展翅高飛。雖然仍有「能否實現」的挑戰在眼前，但我判斷，只要能實現，就會有很高的機率是一場「能打贏的仗」。

既已如此決定，再來就是要鎖定什麼客群，以及要做什麼了。首先，我把品牌策略從「只有電影的主題樂園」，大舉轉換為「全球最棒的娛樂齊聚在此的選貨店（Select Shop，複合精品店的概念）」，從動畫、漫畫、遊戲等各種內容類別當中，把能夠發揮出色集客力的內容（例如航海王、魔物獵人、惡靈古堡等），都集中到影城來。這麼做讓我們得以在那個時點，配合我們的商業目的，把特定粉絲群的偏好度，納為USJ所有。但這時應該會有讀者想要發問吧？「當時你有沒有考慮過，這麼做會破壞到喜歡『只有電影的主題樂園』的既有粉絲群的偏好？」

這當然是我那時在分析過這個風險後才做的結論。我做的分析沒有別的，就是徹底分辨「愛看電影的粉絲群的偏好背後的本質」，也就是「他們為什麼會來 USJ」這件事。簡單講，他們並非「因為 USJ 是一個只有電影的主題樂園，我們才來」；而是「因為這裡有我喜歡的電影的內容，所以我來」。也就是說，他們並非為了電影方面的內容而來，而是因為這裡有他們喜歡的內容。無論是電影、動畫還是遊戲，消費者的偏好，並不是取決於這樣的「形式」。亦即「是不是電影」這件事，和偏好是沒有關係的。

因此，事情再清楚不過了，堅持「只要電影」，對 USJ 來說是有百害而無一利。在我的心裡，這根本沒什麼好討論的，所以我完全不會遲疑。不過，在 USJ 以實際成績證明這一點之前，我收到了許多此起彼落、嚴厲的寶貴意見。像是「方向偏離『電影的主題樂園』會失敗」、「這樣就無法和迪士尼有所區隔，會失敗」等等。不光是既有粉絲群，公司內部的頑強意見，以及公司外的部落格、網路報導等，炮火都極其猛烈。

當然，那時我很清楚，無論是電影還是什麼，有一種策略是從迪士尼樂園的成功可以看到的，那就是用統一在某個主題下的世界觀，強調非日常的體驗，以提升偏好度。但那些講起來帶著一副「主題樂園唯有這麼做才能成功」口氣的人們，他們的意見真是對的嗎？簡單講，這樣的人只是在把迪士尼樂園的故事，用更好懂的方式講出來而已。他們只是看到表層的現象就說出口而已，並沒有看到商業的本質。對我來說，為某一主題打造世界觀，只是為了增加「M」的一種手段而已。我很清楚，到頭來，只要能增加「M」，就是打了一場好球了。我也早就知道有好幾種不同於迪士尼樂園，卻又能增加 M 的方式了。

那時我是這麼想的。東京迪士尼度假區（TDR）光是藉由迪士尼電影這樣一個龐大的內容類型，就在市場中席捲了大幅的偏好度。我們幹嘛照著他們設定的規則，和他們在同一個戰場上對戰呢？那麼巨大的一個主題，除了迪士尼以外，很難找到。我覺得那是誰都想像得到的。而且，仔細觀察就會發現，即使是東京迪士尼度假區，在他們的樂園裡，還是存在著印第安那瓊斯、星際大戰、以及今後的阿凡達等，迥異於米老鼠世界觀的多元主題。為了增加 M，他們也正在做對的事。

總之就是一件事：「對 USJ 來說，用什麼策略來增加 M，成功的機率最高？」只看表象就提出不負責任的妄想論點，是救不了這個影城的。我進公司時，USJ 已經在關西成立十年了。東京迪士尼度假區位於人口是關西三倍的關東，USJ 和對方比起來，必須更有耐心地開墾市場裡的每個角落。所以，USJ 這品牌，必須納入更多元性的內容，再予以整合起來。不能夠犯下只專注在電影等形式上的無謂錯誤。不能夠做出只鎖定在一種情感效用上的無效率之舉。

這樣思考之下，我決定要用足以把所有內容與情感效用都串在一起的「全球最高品質」的娛樂，來打造這個品牌。我改變了USJ 這個樂園的「行文脈絡」。因為與其用電影或動畫這樣的形式來串，不如用「全球最高品質的娛樂」來串，對消費者偏好而言，會更有意義得多。所以我們才從「電影專門店」轉換為「全球最棒的選貨店」。

再者，我認為若要把 USJ 過去最大的弱點（最缺乏的），「帶著小孩的一家人」吸納為粉絲，這也會是很有效的策略。於是在2012 年，我們推出新的親子區「環球奇境」，在整體市場中為USJ 贏得許多新粉絲，總集客數光是靠它就成長了兩成。雖然成本只有哈利波特的十分之一左右，卻具有幾十年長期擴大「M」的龐大效果。除了讓遊客一輩子來 USJ 的次數增加了三次左右（小孩時一次，當爸媽時一次，帶孫子一次），光是在關西地區，每年就有 20 萬名新生兒出生，再把其家人算進來的話，一年可以期待吸引 70 萬名新顧客。

此外，我們也持續實施了種種的對策，用心提高偏好度。例如，在「萬聖節」這個新的季節活動中，為了從範圍廣大的消費者那裡贏得偏好，我們讓影城裡滿坑滿谷都是殭屍，在當時是一場前所未有的活動。為贏得喜愛驚悚的消費者的偏好，我們也設置了倒著坐的雲霄飛車。在深受歡迎、有許多人去體驗的蜘蛛人設施，我們升級為採用畫面更精緻的 4K 影像技術，也是基於同樣的目的。這些我們都是事前用數學論證過才實施的，像是「要用什麼方式增加多少消費者的偏好？」、「其結果應該要能夠促成 M 增加多少比較好？」等等。

還有，我們那時也希望能打造出一項讓人不管再遠都要到USJ來看看的厲害設施，不光是關西當地的人想來，全日本國民乃至於全亞洲的民眾，對於USJ的偏好度都會上升。因此我們賭上公司命運，興建了「哈利波特魔法世界」。推出哈利波特是為了實現雙重目的，不但要追求偏好度帶來的質的成長，還要追求量的大幅成長（認知度與鋪貨率帶來的成長）。首先，哈利波特讓消費者對USJ的偏好度急遽上升。與此同時，也利用「規模龐大的哈利波特設施落成」這樣的社會新聞，挑戰把認知度從我們會投放媒體廣告的關西近郊，大幅擴大到全國，藉由全國對我們的認知擴大，來實現品牌的量的成長，這也是我們的企圖。這是一套讓公司因為偏好度的成長，與認知度的成長，左右開弓而致勝的策略。

若要說到這一切究竟是為何而做，「為的是提升USJ在市場整體的消費者偏好」。這些全都是力求把USJ粉絲的人數，往水平方向增加而推動的。一切都是為了增加對USJ的票數「M」而貫徹下來，在精密的計算下，從目的回推，再執行的。在這幾年為提升偏好度而貫徹的行銷策略下，USJ在日本所有主要品牌中，創下品牌價值成長率第一的驚人偏好度成長（日經BP顧問公司，Brand Japan 2015年報告。在所有業種的1,500個品牌中，USJ創下在品牌價值的「綜合力」上升排行榜第一名，綜合品牌力第12名的紀錄）。

雖然2015年度的全年集客數，我們創下1,390萬人次，是有史以來新高，而這個數字比我剛進公司時，增加了足足660萬人次。如此大幅增加的集客數，絕大多數並非既有粉絲增加了來訪次數，而是來自偏好度的擴大帶來的新粉絲人數的壓倒性增加。那麼，那些原本喜愛「只有電影的主題樂園」的原有粉絲群，有離開嗎？那當然是沒有了。不光是在水平方向上大幅成長，我們也確認到，過去的粉絲也有垂直方向的成長。這一點正如五年半前的計算：透過在更多消費者腦中打造出購買 USJ 產品的必然性（偏好），讓人均投票數「M」呈現急遽的增加。

第三章

如何訂定策略？

有人說，行銷是藝術。藝術的意思是，把抽象的概念具像化，成為人類能夠知覺到的形式。例如音樂與繪畫，就是能夠把「喜」「悲」這樣的抽象概念，轉化為人類能夠用耳朵、眼睛具體感受到的藝術。從這個角度來看，「策略」能夠把「達成目標」這個抽象概念，具像化為人類可以理解的東西，確實是一種藝術。例如，在分析戰況時，無論蒐集到再多的客觀資訊，要做出「如何據以解讀狀況」的判斷，確實也是藝術。在設定目標或是決定策略的最後一瞬間，可以說「意志」是必然會涉入其中的藝術。

但我個人倒是希望，行銷可以盡可能貼近科學，而非藝術。雖然「主觀」是必須重視的最終手段，但我還是希望，能夠盡可能「客觀」地控制主觀的隨機性。因為，就算策略是利用直覺的靈感這樣的藝術才擬出來的，但是有科學來盡可能確保其適切性，還是比較能提高成功的機率。在緊要關頭，於超越合理性之處所做的判斷本身固然是藝術，但這並不表示，在那一瞬間之前的一切，就應該容許不用科學去檢視。我是這麼想的。不應該把行銷策略當成藝術去執行，那樣只會降低成功機率而已。

當眼前有一場絕對不容失敗的戰役時，面對沉重的壓力，我們是否還能保持神智清醒，得要看「已經以合理性確保不出錯的部分有多大塊」。當初在我們建好哈利波特園區之前，不容許發生任何一個大失敗。在那場非得連贏 30、40 次不可的戰爭裡，我多次體驗到或許可稱之為「藝術」的可能快要瘋掉的恐懼感。我絞盡腦汁地思考，到了我的每個腦細胞好像都快要爆炸的地步，盡可能把合理性放到最大，讓行銷無限趨近於科學。我覺得，就是託這套因應方式之福，才讓我們得以勉力地持續致勝。行銷必須本著一直在摸索能提高多少成功機率的「科學」，這是我的信念。

既然是科學，其理論就必須有可重現性。在商業中有一句話說，「你不可能渡過同一條河兩次」。就算你覺得自己是在同樣的時間帶渡過同一條河的同一地點，由於水量、水流、水溫等因素必然不同，因此嚴格來說，情境不可能完全相同。但就算存在著不同的情境，這些情境背後的共通思考方式，理論上仍然必須具備可重現性。

簡單講，要是只靠藝術，不但別人很難模仿，我們也很難教導給別人。我認為，要想打造一個更聰明的行銷組織，就要把行銷視為科學，將其手法盡可能地體系化，再根據共通的規則性，追求可重現性。

本章要談的是「如何訂定策略」。以我之見，策略與其說是「訂定」出來的，不如說是「找尋」出來的。因為，策略是必然存在的。在「某處」一定會有某種成功機率較高的手法，可以達成我們的目的，我們要把目前尚無人察覺到的這套手法找出來——大概接近於這樣的感覺。為此，我們必須投入各種智慧去找尋。不過，策略未必要從起點朝著目的地找尋，反倒是應該從目的地倒著往起點走，逆向找尋。

1 應該在目的地看到的驅動因素

◆ 決定品牌營收的七大因素

為了在策略中能夠看到重要的「目的地周遭的景色」，就必須先了解，在目的地究竟該看些什麼東西才好。也就是說，要知道是哪些因素左右營收，以及這些因素是如何發揮功能、逐步決定營收的。我們必須要理解這個機制。

以下先來仔細確認一下，最後左右品牌營收的驅動因素吧。在這些因素當中，有些我們易於控制，有些我們難以控制。我固然不建議把經營資源集中在難以控制的項目上，但如果一定要這麼做的話，就要先理解那有多困難，然後多花心思去處理。另外，在相對上比較好控制的因素當中，也還有各種知識技術，可以讓這些因素的效果能夠更加發揮出來。我們先來了解其性質吧。

為了容易理解，我把期間設為一年，然後來看看，會影響到當年營收的七大因素（如表 3-1 所示）。這七大因素，就是在目的地（目標地點）應該看到的具體的項目（後面會詳述），因此請務必了解。

在這七大因素當中，「認知度」與「平均購買金額」是相較之下我們比較容易控制的。「認知度」取決於認知驅動因素的品質，也就是所有與認知相關的行銷活動的結果。例如，電視廣告的品質，主要看的是「能否促使消費者記得商品」，它取決於我們要透過什麼樣的溝通，向誰訴求什麼。此外，由於看的是創造認知的效率，所以某種程度上可以用下廣告的量（金錢）來解決。

表 3-1 決定營收的七大關鍵要素

	影響營收的關鍵要素	控制的難易度	1（主因）	2	3
1	認知度	◎	認知驅動因素（電視廣告、網路廣告等）	廣告量	店頭活動
2	鋪貨率	○△	** 偏好	店頭狀況	交易條件
3	過去購買率（累計新購率）	○	** 偏好	品類購買次數	鋪貨率
4	納入喚起集合率	○	** 偏好	喚起集合內的品牌數	鋪貨率
5	一年內購買率	×	品類購買次數	** 偏好	鋪貨率
6	年間購買次數	×	品類購買次數	** 偏好	鋪貨率
7	平均購買金額	◎	包裝大小選項、價格	對包裝大小的偏好（偏好）	各種包裝大小的鋪貨率

◎：我們主要能夠控制的因素　○：某種程度可控制　△：稍微可控制　×：不太能控制　** 相對於競爭品牌，該品牌的品牌權益、產品效能、價格

「平均購買金額」完全看我們提供了什麼包裝與價位的產品。一般來說，消費者會覺得品牌的選擇比包裝大小的選擇來得重要。尤其是強力的母品牌所衍生的同一品類商品，由於不必擔心商品品質，就算是第一次新購，也很容易就會選擇大包裝的。假如不同大小包裝各有不同的單價，平均購買金額就用把權重也考慮在內的平均單位價格計。

至於「鋪貨率」，我和今西先生之間就有些意見相左了。身為行銷人員的我，認為鋪貨率還算是能控制的因素。我的看法

是，只要能認清各通路的利弊好壞，讓公司品牌有效率地在零售店確實發揮抓住購物客（消費者）偏好的功能，鋪貨率還是有充分的成長餘地。此外，只要針對通路巧妙運用各種激勵因子，要短期操作，並非辦不到的事。像第二章介紹過的那樣，改善鋪貨品質，也是很有幫助的驅動因素。至少，以我自己的經驗來說，一直都在針對鋪貨率做某種程度的控制。所以我判定為〇。

相較於我，身為分析人員的今西先生就認為，鋪貨率這種東西，就算或多或少可以操作，卻不太能夠照著我們想要的那樣操作。他觀察過許多品類，根據他的內隱知識，鋪貨率最後多半會取決於一個品牌的市占率。市占率固然主要來自於消費者偏好，但由於是行銷活動的總結果，我們不太能夠直接予以控制。因此，他判定為△。或許不同品類間的差異會很大。各位又是怎麼想的呢？

「過去購買率（累積新購率）」當然是根據品類購買次數與鋪貨率實際計算出來的。不過，假如自產品上市以來的期間對品類購買次數而言已非常長，比如說兩三年下來品類的購買次數是六到十次的話，那就是取決於偏好了。只要被消費者納入喚起集合，也就是出現在骰子的其中一面的話，擲個幾次骰子，總會輪到你。對新購來說，只要出現一次就行了。

「納入喚起集合率」是，當某個有魅力的新品牌出現時，與消費者喚起集合內的自家既有品牌相比的結果。每個人的喚起集合當中，品牌數固然各不相同，但基本上其數量是固定的，一旦認知或體驗到新品牌後，喚起集合內的品牌，就有可能被換掉。而如果是因為鋪貨之類的問題導致該品牌不是想買就能買到，那就等於實際上被消費者移出喚起集合了。

「一年內購買率」和「年間購買次數」，主要都取決於品類購買次數；在徹底改善消費者偏好前，它們不會增加。當然，降價可以暫時靠金錢增加比率與次數，但無法持久。

這樣看下來，品類的結構，也就是一年內對該品類的購買次數（擲骰子的次數），以及各自的喚起集合內的競合產品與服務所形成的偏好與價值標準，已經決定了大致的營收，我們應該聚焦於提升相較於競爭對手的相對偏好（骰子擲出自己公司品牌的比例）。正如先前在 NBD 模型處看到的，提升消費者對我們的偏好，就是在拉高營收，就是在擴大市占率。市占率一旦增加，鋪貨率與獲利率也都會增加。

◆ 一個簡單的營收預測模型

這七大因素是如何組合起來決定營收的呢？為了確認這件事，要先把一個通用性高而好用易懂的模型介紹給各位。這雖然只是個簡單的營收預測模型，但威力驚人，就連讀文科的人也能運用，請務必學起來。

在認識這個模型的時候，我們來找個好理解的品牌當例子吧。圖 3-1 是某既有洗潔劑的狀況。在所有家庭當中，有 75% 認得這個品牌，知道市場上有這個品牌的存在，但其中只有 80% 的家庭可能買得到它。有些人就算跑到店裡想買，架上也沒有（因為鋪貨率只有 80%）。因此，整體當中只有 60% 的家庭買得到它（認知度×鋪貨率＝75%×80%）。

再來，其中有 60% 到目前為止買過這個產品，這其中又有 60% 把它放入了洗潔劑的喚起集合當中。也就是說，在這個階段，整體當中有 22% 把這款洗潔劑納入他們的喚起集合。每個人的喚起集合中的品牌數各不相同。有的人只有一個，或許也有人有 10 個。再者，有人在喚起集合中把它列為最高順位，也有人把它列為最低順位。因此，並非所有人在一年內都會購買它，只有 60% 會買，也就是整體的 13%。

首先要注意的是，認知度、鋪貨率、至今的購買率、納入喚起集合率、一年內購買率，全都是以相乘來計算，也都是決定當年營收的直接因素。認知度和鋪貨率之所以可以相乘，是因為二者幾乎是獨立發生的。當然，假如宣傳的時候不用媒體，比如說宣傳活動只做店頭促銷之類的情形，就無法相乘，鋪貨率本身就變成可能購買者的上限。至於其他的比率，只要未能滿足先前條件就不能相乘，因此是針對滿足先前條件的情況來計算其比率。

好了，針對這個例子，來算一下一年內購買者的比例，以及此一洗潔劑品牌的全年營收吧。利用這個模型，把個別數字代入後，就能算出許多品牌的全年營收。請各位務必試著在不同的情境下使用看看。

圖 3-1 消費者的購買流程

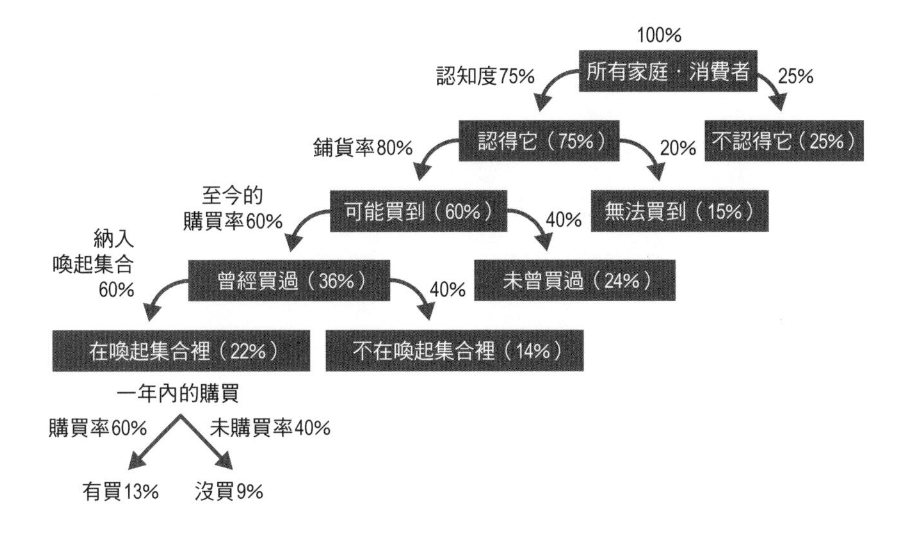

一年內購買的家庭占所有家庭的比例

＝（認知度）×（鋪貨率）×（過去購買率）×（納入喚起集合率）

×（一年內購買率）

＝ 75%×80%×60%×60%×60%

＝ 13%

該洗潔劑的全年營收

＝（全體家庭數）×（一年內購買的比例）×（平均購買次數）

×（平均購買金額）

＝ 49,973（千）×13%×1.3 次 ×420 圓

＝ 35 億圓

這些式子多半是用在回推的時候。例如，把所需要的「全年

營收」或「一年內購買的家庭的比例」等必要數值輸入式子裡，再反過來計算，若要實現那樣的結果，必須把認知度及鋪貨率（也就是去算若要讓式子成立，這些條件數值必須要衝到多高）的目標，要訂在多少才行。這個時候，要在考量公司的經營資源及組織強項後，判斷在這些驅動因素當中，要集中投資在哪項因素上，以達成目的。

2 關於偏好

前面提過，決定偏好的主要是品牌權益、產品效能，以及價格這三者。在此要先說明一下，在訂定策略時，對於這三個影響偏好的最重要因素，我的基本看法。

◆ 1) 品牌權益

品牌權益是優先於一切、左右偏好的最重要因素。消費者對於順位在它之後的產品效能與價格所抱持的看法，都會在腦中經過漫長時間後，逐漸轉化融合為品牌權益。無論是使用產品後的感想，還是在那樣的價格下，消費者對價值的認知（Value Perception），都會成為品牌權益的一部分；產品有特色的話，就更不用說了。也就是說，若以最長遠的角度看待品牌，決定偏好的終極關鍵因素，可以說就是品牌權益。

品牌權益是和競爭對手相比之下決定的。對消費者而言，決定他們購買意志的重要判斷依據是什麼？該權益是誰所擁有（own）的？公司品牌的權益是什麼？相較於競爭對手的強項與弱項何在？要先去測定這些答案，得知公司品牌在消費者腦中，包括競爭對手在內，處於什麼樣的「定位」，才有辦法著手去做。

順帶一提，外界關於品牌權益的調查方法不一而足。基本上，只要手法正統都可以，但如果歷年來的資訊無法互相比較的話，就失去了意義，因此請注意不要一直變換調查方法，或是改變描述權益的方式。接著去分析這些權益的實測值與消費者偏好（市占率，可以的話最好是單位占比〔Unit Share〕）之間的關係，慢慢找出有哪些重要的權益有助於提升「M」。

現在假設各位已經了解到，在公司品牌奮戰的品類中，包括競爭對手在內，彼此的定位地圖了。要是貴公司鎖定了某一權益，希望把它變成屬於公司品牌，但如果競爭對手已經牢牢握有該權益，要強行搶過來並不容易。就算難以忘記初戀情人，要忘掉第二個情人倒是不費什麼力氣。人就是這樣。對手曾一度牢牢擁有的品牌權益，是很難攻下來的。所以，品牌權益才會不折不扣是企業的「財產」。

要想以第二名或第三名的身分挑戰的話，就需要相當的對策與經營資源。這時大家常採取的手法是「差異化」。鎖定龐大競爭對手的定位未及之處，予以反擊，雖然還是不容易變成第一品牌，但至少比較不會遭受到巨人的攻擊。就是這樣的作戰方式。例如，面對「東京迪士尼度假區」（TDR），「富士急樂園」就以驚險萬分的雲霄飛車應戰，是不是很好理解呢？迪士尼因為自己的定位是「夢想與魔法的王國」，要把自己變成和「尖叫樂園」富士急同質化，再予以摧毀，是極為困難的。

此外還有另一個常用手法是，賦予核心權益附加因素，讓它呈現出更為優質的效用。例如，寶僑的洗潔劑「碧浪」（Ariel），為了把花王的「一匙靈」（Attack）占優勢的「潔白」這項權益搶奪過來，增加了「可除菌」這個附加效用，再倡導「能夠除菌才是真的潔白」而發動攻勢，就屬這樣的做法。在差異化一事上傾注熱情的行銷人員，其實是很多的。

無論何種狀況，重要的是，要抱持著一個目的意識：差異化是為了從市場整體增加對公司的「M」才實施的。差異化若能導致投給公司品牌的票數變多，那就是很棒的差異化了。但現實當中，明明差異化不見得能增加 M，卻也經常有一些行銷人員，還是在做這種沒有意義的差異化。USJ 過去推的「只有電影的主題樂園」，正屬此類。

在我的記憶裡，有一個成功增加了「M」、很漂亮的差異化實例，那就是資生堂的「思波綺」（TSUBAKI）。當時擔任維達・沙宣（Vidal Sassoon）品牌經理的我，真的有一段很慘烈的遭遇（笑）。在「思波綺」問世的幾年前，當時社會上對於茶色與金色頭髮的熱潮差不多膩了的時候，花王看準這個機會，以「亞洲人的黑髮才美」這個概念，推出了「阿姬恩絲」（ASIENCE）這個新品牌。該品牌成功地實現了與諸多以「崇尚西洋」為形象的強力品牌之間的差異化，贏得市占率，以成功收場。而「思波綺」可能是從阿姬恩絲的定位得到啟發，他們進一步比阿姬恩絲還縮小焦點，以「日本女性是最美的」這個資生堂核心定位，挑戰市場。

很多日本女性心裡其實覺得，不希望別人把自己和其他亞洲人相提並論。因此，「思波綺」在她們心目中的偏好度，高過「阿姬恩絲」。「思波綺」很厲害地從以當時的第一品牌麗仕（Lux）為首，乃至於 mod's hair、維達・沙宣這樣的西洋感品牌手中，搶到了「M」。思波綺除了有如此傑出的定位策略外，新上市時還有無所不在的行銷戰術，真的是太厲害了！雖然彼此是敵手，那時我還是讚嘆他們幹得漂亮（笑）。雖然天下只停留在該品牌手中一段時間，但是在護髮品類的品牌當中，那時我還是第一次看到，有品牌能夠在發售後短短的時間裡，就那麼巧妙地成為第一品牌。

定位的找尋與差異化，都是為了要提高「M」。在消費者中選擇目標客群固然也是出於這樣的用意，差異化的用意也並不在於窄化客群。請各位務必銘記，把權益磨得更精準，畢竟只是為了從市場全體增加對公司品牌的投票數「M」才採取的手段。其目的依然是「提升消費者對公司品牌的偏好」。

◆ 2) 產品效能

產品的功能所發揮的效能固然重要，但它對於消費者對品牌的偏好所占的重要性，卻會因為品類的不同而大相逕庭。在重視產品功能性的品類當中，產品效能對偏好的影響極大。例如，汽車、家電這樣的工業產品就是。此外，一個品類假如產品效能對消費者來說是很容易比較的話，產品效能對偏好的影響也會變大。像是藥品、洗潔劑這種用來解決問題的品類就是。藥品這種東西，消費者一直等著要感受到產生藥效的感覺。至於洗潔劑，消費者則會一直緊盯著它去除污垢所帶來的變化。

在像這樣的品類中，只要一度因為產品效能而讓消費者感到滿意，就很容易進入他們的喚起集合當中。而且因為消費者不希望失敗，所以也比較少會把自己信賴過的品牌換掉。他們在做選擇的時候，會有很強的「避免風險」的傾向。從品牌防守的角度來說，這固然是個好消息，但因為在這樣的品類中，消費者不太會把喚起集合裡的品牌換掉，也等於是其他品牌很難在短期內，透過促使消費者新購而擴大市占率。在這樣的品類中，如果對自己的產品性能很有信心，那麼可以採取發放商品樣品的方式，來降低消費者轉換品牌的風險。像這類的行銷戰術，應該會很有效果。

在與此相反的品類中，產品性能對偏好的影響就會比較小。也就是說，那是一個消費者不重視功能性，對他們來說難以辨別產品效能的品類。代表性的例子是礦泉水之類的東西。水的味道，除非味覺特別靈敏的人，否則不太能夠喝得出來。就算是自來水，只要某種程度弄得冰涼一些，在適切的溫度下飲用，就會覺得很好喝。對賣水的行銷人員來說，勝負的關鍵不在產品效能，必須集中心神在前面提過的「強化品牌權益」上。同樣地，化妝品品類也一樣（雖然女性可能不願相信），產品性能對偏好的影響比例很小，壓倒性重要的反倒是品牌權益帶來的「可能會變美」這樣的「希望」，以及所訴求的「美的形象」。

除了消費者重視功能性到何種地步一事外，產品性能還有一個決定其重要性高低的觀察點。那就是，根據它是回購性事業還是新購性事業來判斷。

所謂回購性事業（repeat business）是指，中長期的營收大多仰賴消費者回購的經營模式。為了讓消費者再次購買，非常重要的是，提供的產品效能要能夠促使消費者在用過之後感到滿意。回購性事業的典型例子是洗潔劑之類需求穩定的消費品，或是像卡樂比（Calbee）或固力果（Glico）那樣的零食事業。只要吃過一次覺得不好吃，基本上就不會再買第二次了。在這樣的市場中，產品效能若是有問題，就很難在中長期維持消費者偏好的持續向上。USJ 也是回購性事業，要是沒有了以關西本地為核心的回購顧客，經營將難以為繼。就是因為這樣，才必須經常不斷地投資，努力滿足顧客。

新購性事業（trial business）又是怎樣呢？其營收在中長期基本上就是個依存於新購（第一次購買）的經營模式。這時，產品效能並不重要。典型的例子是，觀光景點的土產店或是餐廳。他們基本上並不打算對相同顧客做兩次生意，所以才會以那樣的價格賣那樣品質的東西。再舉個更極端一點的例子，坑錢酒吧就是。坑錢酒吧基本上沒人會再去消費第二次，所以店家會毫不猶豫地針對不小心闖進來的客人，把這輩子能從對方身上賺到的錢都賺到手。因此，他們才會用那麼明目張膽的手法對付客人

（笑）。雖然在法律上那麼做是不對的，就商業模式來說，卻是很正確的。

最後，來談談如何判斷產品效能的高低優劣。直接講結論的話，那就是「消費者說了算」。完全不是由研發（R&D）負責人來判斷，也不是製造人員憑自己的自尊判斷。可能的話，會需要這樣一套制度：廠商要盡可能在貼近消費者做判斷的情境下，讓消費者試用看看，再客觀地測量其反應。產品的測試絕不能只交給研發人員，因為那樣會像是被告兼任法官，自己判自己的案。

有時候，我們拼了命開發出來的功能或新構想，消費者完全不買單，甚至還完全無法理解或完全無感。雖然這樣的衝擊會讓人很想臥病不起，但卻是事實。產品功能若無法讓消費者理解，或是無法促成消費者價值，就毫無意義。製造人員自以為「會熱賣」的東西，與消費者覺得「好想要！」的東西，不見得一致。就是因為這樣，才要做產品測試。若不是消費者真正有感、給予好評的產品效能，消費者偏好將連一公釐都不會增加，這是要注意的。

◆ 3) 價格

我來整理一下我關於價格的看法。首先，應該要知道的大前提是，價格最終是由消費者決定的。他們永遠都有「不買」這個選擇，也有「向其他競爭品牌買替代品」這個選擇。所以，不管訂什麼價，要讓事業成立，就只能靠充分數量的消費者來消費，否則訂出來的價格是無法成立的。反之，假如訂的價格賣得動，不折不扣就表示消費者肯定那個價位。

除了特殊奢侈品例外，只要調漲價格，偏好就會反比例變動。調漲價格，偏好就會降低，這是當然的。以一般論來說，調漲價格，尤其是調到比競爭對手還貴的加值價格，將會伴隨著很大的風險。例如，像洗髮精或洗潔劑這種消費品的品類，假如價格訂在比領導品牌高兩成以上，消費者往往會突然明顯覺得，你賣得好貴！在訂定價格時，要注意是否能充分達成目標營收。

不過，從中長期的觀點來思考價格訂定的話，我認為，在很多戰局中，訂加值價格（premium pricing）是對的。訂得比競爭對手還高，事業卻依然成立，就意味著這是一個受到消費者支持的、附加價值比人家多那麼多的品牌。也就是說，品牌權益已經強到可以不畏價格的負面影響，消費者偏好依然成立。這是消費者認同「你及格了」的意思，也是身為行銷人員最感滿足的事。

「訂加值價格是對的」，這話是我所尊敬的寶僑全球總公司前執行長德克・雅格（Durk I. Jager）留給我的教誨之一（他也曾是寶僑日本法人的社長）。這話的最大根據在於，為使消費者能夠持續感到開心，會需要一些成本；不訂加值價格的話，將很難獲取這些成本。產品效能的持續改良、品牌權益的持續強化，都需要投資。他說，藉由持續做新投資，可以持續喚起市場需求，持續做到讓消費者的生活過得更好。他告訴我，「**消費者與企業是在共享加值訂價或調漲價格所帶來的果實**」。

不怕各位誤解，我認為適度地賺取利潤是正確的。不能夠賺太多，但也不能賺太少。若能求取二者之間的平衡，就是松下幸之助所講的「有靈魂的價格」。為了讓消費者過更好的生活，而訂定必要的價格。為投資，為維持經營狀態，而訂定必要的價格。要是消費者不支持，生意無法成立的話，公司就只有走上滅亡一途。

技術沒有革新、也無法透過品牌行銷而差異化，卻想要提升消費者偏好，那就只能拼降價了 —— 一個市場假如只充斥著這種想法，會怎麼樣呢？會展開削價競爭，其連鎖效應會讓業界的價值不斷被破壞。消費者會講出「降價對消費者來說是很開心的事！」固然是理所當然，但如果從對於經濟或多或少有責任的上班族，或是從在媒體上發表言論的有識之士的角度來看的話，這麼說應該是錯的吧？一個品類的市場價值下滑，意味著該品類的雇用人數減少、所得降低，也就是在該品類業界工作的人（他們也是消費者）的生活愈來愈貧困。這樣的經濟惡性循環，會跨越多個品類彼此傳染下去，造成經濟不景氣。

我們行銷人員的工作在於，要透過品牌行銷強化品牌權益，大幅提升品牌價值，最後讓品牌得以把價格訂在中長期能夠進行投資的水準，並讓消費者買單。我認為，一流行銷人員的工作在於，就算漲價也能衝高「M」。對此，我完全不覺得有什麼好猶豫的。因為，這麼做可以把企業的存續、消費者的幸福，乃至於地域經濟的發展，全部都往好的方向引導，是很正確的事。只要企業把利潤拿來投資，消費者與企業，就能共享加值訂價的果實。

◆ Case 4：挑戰業界的價格革命！

2010年，我到USJ上任時，所著眼的公司成長空間之一，就在於調漲主題樂園的票價。因為，日本的主題樂園票價，和世界水準比起來，太過便宜了。若要我說有多便宜，我進公司時，USJ和東京迪士尼度假區的票價都同樣是5,800日圓，若以購買力平價來分析，會發現約莫只有世界水準的一半而已（購買力平價：PPP，Purchasing Power Parity，意指以自由貿易為前提，根據「同一商品會往同一價格收斂」的法則，比較各國的購買力，再做匯率動向之類的分析。比較有名的是，把各國大麥克的單價拿來比較，藉以比較這些國家購買力的「大麥克指數」）。

從日本人的購買力來看，原本主題樂園的門票明明可以賣到一萬日圓以上的，不知為何卻一直只賣半價。確實，當時美國迪士尼與美國環球影城的門票都設定在一百美元上下，若以一美元兌一百日圓計的話，一萬日圓左右的門票價格，才是世界的行情。日本是一個主題樂園的門票便宜得驚人的國家。以購買力比較的話，在日本賣得特別便宜的東西，除了主題樂園門票外，還有水，以及個人覺得是日產的GT-R（笑）。

順帶一提，就算考量到樂園的品質，無論是全球最高水準的迪士尼樂園還是環球影城，二者在日本都有。應該是因為是由日本人經營，顧客也是日本人的緣故，無論在服務面還是設施的維護上，日本樂園的品質都十分到位，是全球最棒的。再加上成本面的考量，「門票只賣半價」就更令人費解了。日本的人事成本之高，遊樂設施的興建費之貴，土地成本之高，都是全球之最。品質最好，成本最高，門票卻是半價……。

這究竟是怎麼回事呢？這是我剛進 USJ 時，最感疑惑的問題之一。日本的主題樂園的票價，為什麼那麼便宜？恕我直言，就是因為日本樂園業界的領頭羊東京迪士尼度假區，長年把票價訂得很低，才把業界的票價天花板壓在極低的水準。我不認為他們是故意這麼做，但就結果來說，變成是由經營東京迪士尼度假區的東方樂園公司（Oriental Land）所設定的業界規則。

可能是因為，對於坐陣日本最大的人口圈關東，每年有兩三千萬人到訪的東方樂園公司來說，就算門票只賣全球水準的一半，也一點都不是問題吧。畢竟他們規模那麼大，就算票價低，要籌措資金興建下一座大型遊樂設施，也完全遊刃有餘。又或者，他們可能覺得，利用低價讓園區內人滿為患，再活用迪士尼擅長的軟實力，藉由園內的商品或食物販賣來賺錢，是很不錯的手法。就算門票價格訂得低，東京迪士尼度假區也一點都不感到困擾。

但對於不具那種規模的其他業者來說，低價的天花板，就十分嚴峻了。USJ 在 2001 年開幕時也是，配合在業界極具存在感的東京迪士尼樂園（TDL）的門票價格上限，同樣以 5,500 日圓為門票的開賣價格。其後，雙方票價差不多都在 5,800 日圓之譜。就連業界第二名的 USJ，都難以長期在這麼低的定價下籌措新建大型設施的費用，那麼規模遠比 USJ 還小得多的樂園，會變成被迫只能訂在更低價格才能吸引客人。這麼一來，別說是追加新遊樂設施所需要的投資了，就連安全管理所需要的最低維護，或是樂園的維持費，都可能難以籌措。毫無疑問是這樣。

事實上，自從東京迪士尼度假區與 USJ 開幕以來，受到其低門票價格的壓迫下，許多遊樂園都從日本消失。很多人固然覺得，出於市場原理，這是無可奈何的，但我認為，從消費者利益的觀點來看，選擇應該愈多愈好才是。從競爭的角度來看也是，業界若能更有活力，消費者就能有各種規模、各種價格帶的主題樂園或遊樂園可以選擇，這當然是比較好的。

假如市場競爭的結果是，規模不大的玩家從業界消失好了。如果其原因來自於東京迪士尼樂園或 USJ 這樣的旗艦級主題樂園把票價壓低在全球水準的一半所導致，那麼我會覺得，這對業界來說真的是大不幸，對消費者的利益來說也是大不幸。照理說，業界的壓倒性大玩家，也是盟主的東京迪士尼度假區（TDR），應該要有責任把價格天花板，逐步往上拉到和世界水準一樣才對，但在我進入 USJ 的那時，曾針對東京迪士尼度假區做過歷史動向分析，分析的結果是，我完全無法期待他們會主動這麼做。

於是我做好了心理準備。我心想：「要是 TDR 不動起來，就由 USJ 來動，就讓我們來撼動與價格有關的業界法則給他們看。」幸好，以數學角度分析價格對於營收的影響（價格彈性），是我最為擅長的技術。雖然 USJ 不過是業界第二，但那時我很有信心，自己能利用 USJ 這個裝置，挑戰改變業界的票價行情。只要 USJ 率先著手調漲票價，慢慢證明就算漲價，依然能夠衝高來園人次，到時候，東方樂園公司應該也會安心把票價訂得比原本還貴才是。

由於他們理當會有一種身為業界盟主的自傲在，要是 USJ 的門票賣得比他們還貴，他們一定會很在意的，也就是他們一定會跟進，這一點我十分確信。只要他們跟進，USJ 就再把價格往上調一個水準，再次證明沒有問題，這樣應該就能慢慢地把業界的門票價格，導向原本應有的水準。因為，東京迪士尼樂園的價格，正是「讓消費者感覺主題樂園玩起來值不值得」的最大影響因素。

就這樣，我從進公司時開始，就馬上把票價從 5,800 日圓調到 6,100 日圓，連續六年每年都漲價，到現在已經調漲了 21%，到達 7,400 日圓。順帶一提，我們在 2015 年 12 月時發表要漲價到 7,400 日圓後不久，東京迪士尼度假區也在 2 月對外發表，要從 4 月起調漲 500 日圓，達到 7,400 日圓（但他們自 4 月起卻又針對本地關東的消費者，實施了平日 6,800 日圓的降價促銷方案，這樣的軟弱真的很讓人在意）。東方樂園公司近兩年的定價漲了 1,000 日圓，對於創造業界價值來說，這是一件很棒的事。

在 USJ 持續調漲票價的期間，大阪本地的傳統遊樂園「枚方公園」，也驚人地實現了既調漲門票價格，來客人次也有所成長的成績。真是太棒了。一旦拉高業界價格的天花板上限，業界整個有活力起來，在經營上行有餘力的樂園，就有辦法投資在新設備上，消費者也有了更吸引人的娛樂設施可以選擇。USJ也一樣，除了哈利波特外，可以再逐一構思其他更能夠讓來賓開心的大規模投資計畫，回饋到讓大家更為滿意這件事情上。

根據關西大學研究所宮本勝浩教授的試算，2014年哈利波特開幕之後，十年內可以為USJ帶來的經濟效果估計將有5.6兆日圓。若再加上一直以來的大成功，經濟效果應該還要高於這個數字吧。今後，我們也會持續推動大型投資，吸引更多觀光客到關西來，把包括交通基礎建設、住宿、餐廳零售、旅行業等各相關產業都牽扯進來，創造更多的就業與所得。例如，光是USJ，員工人數已從原本的四五千人，增加到現在的近萬人。經濟成長的果實，還是會逐一回饋給消費者。雖然有人批評「每年都在漲價」，但USJ沒打算把賺到的利潤列為保留盈餘，而是積極推動大型投資，和本地社會共享成果。

但在消費者當中，也有人對於USJ與TDR的漲價，發出了「7,400日圓太貴了！我沒辦法去了！」這樣的聲音。那是因為，一直以來太過便宜的日本主題樂園票價所帶來的划算感，讓他們做出這樣的判斷，所以有這樣的反應可說是理所當然。只是，假如這票價對大多數日本人來說真的太貴，那為什麼USJ和TDR都還是人滿為患呢？我聽到的是「人太多了，真討厭！」這樣的批判比以往更大聲，既然這樣，我們調整價格以控制來園人數，又怎麼會表達出不歡迎的態度呢？「我們討厭人擠人，但是也討厭漲價」──這樣的說法在邏輯上是說不通的。要嘛就是「人擠人也沒關係，我希望便宜些」，不然就是「我希望漲價，讓它不要那麼擠」，我們只能擇一執行。

再者，嘴上說沒錢沒錢，但舉個例子，日本人每個月花在智慧型手機上的錢，卻高過於主題樂園的入場券 7,400 日圓。看到一面大玩智慧型手機，一面說沒錢的日本人，整個世界都笑了。7,400 日圓比智慧型手機的每月費用還便宜，但從日本的可支配所得來看，這樣的入場券票價，真的有人幾年才付一次卻付不起嗎？假設三年去一次遊樂園好了，每個月的負擔只有區區 206 日圓而已。不是沒錢，而是「心目中認定的行情價格」，以及「運用可支配所得的優先順序」的問題。真相是，和日本國民的購買力比起來，日本的主題樂園太過便宜了，才會這麼的人擠人。

我也是小老百姓出身，所以相當清楚消費者會出現「對漲價過敏」的感覺。日本經濟已經通縮停滯達 20 年，但我卻發現，連那些應該已經或多或少理解經濟現況的人，很多都還是抱著「漲價就是壞事」的論調，實在是很遺憾。真相是，日本經濟之所以停滯的原因在於，能夠漲價的企業很少，有能力與勇氣願意斷然漲價的經營者也很少，也就是品牌價值未能大幅提升、技術未能革新、缺乏大型投資等因素使然。各位具影響力的有識之士以及媒體朋友，我希望你們能出來說：「任何一家企業，任何一個業界，請你們多加油，做到有能力漲價！」

自從我在五年前下定決心要改變這個業界關於價格的規則以來，到目前為止，都還是照著我的計畫在走。為了提升日本業界價值，以及讓日本消費者有豐富的選擇，像 TDR 或 USJ 這樣的旗艦級主題樂園的門票價格，應該要和世界水準看齊。從以前到現在，我都是這樣深信的。雖然目前已調漲到 7,400 日圓，但和世界水準比起來還是便宜了幾千圓。業界價值還必須再往上提升才行。

由於價格最終是由消費者來決定，因此得先提高品牌價值，才可能調漲價格。今後，我期許自己不忘記這個真理，藉由持續投資在消費者偏好上，不斷挑戰把業界的價格天花板往上推。我也希望，今後還能延續良性循環，透過大型投資，打造更有吸引力的樂園。因為，企業和消費者將可共享漲價的果實。

3 策略要從目標開始構思起

◆ 如何才能清楚看到目的地的景色？

就算分析戰況的能力再怎麼優秀，再怎麼會運用數學式或資料，光靠這些，是訂不出策略的。因為，所謂策略得要先有明確的「目標」才會存在。對企業領導人來說，設定目標是第一個工作，也是最重要的工作。也就是「說穿了，你想怎麼樣？」，其中若沒有人類散發的強烈意志，就無從產生目標，更別說永無出場機會的策略了。

若已有想要達成的目標，接下來要做的就是，運用想像力和數字，徹底思考當目標達成時的狀況。這一塊是非常藝術的部分，所以日後一定要用科學再檢驗過才行。不過，一開始總之要先做的事情是，逐步把目標達成時的狀況給具像化。尤其是目標達成時主要的商業驅動因素應該要變成怎樣，要列出具體的數字來。這麼一來，就能看出達成目標所需要的幾個臨界條件了。接著，就要去想，為達成這些條件，該如何逐步填補和今天之間的落差？然後據此擬定策略。我就是像這樣，從「把目標具像化」的部分開始著手。

一個迷宮，與其從起點出發，不如從終點著手去解，還能夠更快解出來。富士山也一樣，從山頂往下看，會比從樹海往上看，更能清楚了解應該走哪條路登頂。西洋棋也是，先在腦海中想到「將死對手」時的盤勢，再據以回推，設想該怎麼走。從眼前的盤勢要接下去推，就比較容易白費力氣，十分困擾。策略一定要先把想要達成的目標附近的景象明確化之後，再回推該如何訂定。否則，不但會消耗太多時間與勞力，在各種無謂的道路上迷路，而且很可能無法找出正確的策略。

以我來說，首先會去設定目標，再來是把達成目標時的情形和現況之間的落差給定量化，然後徹底想像，弄清楚為了實現目標，市場整體新取得的「M」要有多少數量才夠。把這個「M」當成票倉的話，要鎖定誰做為目標客群才對呢？哪些驅動因素才能增加消費者偏好呢？這些因素又必須到達多少數值才夠呢？要去思考這些事。

例如，2010年時，USJ曾訂定要在三年內實現每年來客人次1,000萬人的目標。為成為一家有1,000萬人到訪的樂園，品牌必須要多強才能做到？核心的品牌權益是什麼？認知度應該大概要多少？ 1,000 萬人的「M」，其內部結構為何？年齡別怎麼分？性別怎麼分？區域別怎麼分？購買一般入場券入場的人和使用全年套票的人比例為何？各種門票的價格應該要訂在多少？需要什麼樣的設施或是多久辦一次什麼活動，才能實現那樣的票價水準？實現目標時，現在的組織，必須補強什麼樣的人才？組織必須取得的必要能力是什麼？組織內部應該新設置什麼制度？諸如此類。

以我來說，會先用想像力描繪出如上所述的那種「目標達成時的各種條件之組合」，再運用需求預測等預測商業結果的模型，透過科學來驗證其適切性。把為了推導出目標（也就是正確答案）所需要的各個條件視為變數，試著代入具體的數字，然後把看起來最有可能實現的劇本慢慢形塑出來。那些條件的組合，原本只是想像的產物而已，但透過這種方式具體驗證其達成機率後，就可以慢慢變成一部用於實現目標的劇本（也就是策略）了。

像這樣從認定為最佳的目標，回推得到劇本（策略）時，我一定會做一件事，那就是再為同樣的目標另外構想一套策略，而且實現的步驟要盡可能和這部最佳劇本不一樣。針對自己覺得是最棒的 A 計畫，一定要再想一套 B 計畫。出於這樣的習慣，很多時候我原本可能得面對的危機，也因而得到事前的防範。在構思 B 計畫的過程中，就能客觀看待 A 計畫。這樣子，就能事前察覺到原本設為前提的一些預設條件的脆弱之處或是盲點。視狀況的不同，有時候 B 計畫的成功機率反而還比較高。

◆ 無論障壁再高，只要打造樓梯，都能攀爬

所謂的策略，就像是一個為了讓我們到達想到達的崇高「目的」，而組裝起來的「踏腳處」。在數學家高木貞治的著作中，有個令人玩味的故事。據說，天才數學家高斯（Carl Friedrich Gauss），唯有在推導出「完美的數學式」時才會對外公開。他有「數學界的天才建築師」之稱，由於只把自己完成的華美建築（數學式）的部分秀給外界看，因此會讓人覺得，他天才的程度十分驚人。但事實上，高斯為了支撐他的建築，已經在地底下埋了一個做為地基的廣大基石。毫無疑問，他是先組出了這片龐大而亂無章法的地基，才逐步把建築蓋起來的。但世人卻始終不知道，在他完成完美的數學式之前，還得歷經何等繁複而有泥土臭味的過程。

高斯毫無疑問是個天才。在只看到他數學式的完成形時，會出現一種非比尋常的感覺，覺得「這人的天才程度已經不是人了」。不過，事實上他應該還是我們人類。高斯除了有超人般的快速計算能力外，記憶力也好得出奇。那些曾經進入他的腦子、逐一積存起來的大量數學式之間的關聯性，一定讓他從中察覺到了常人所無法察覺的靈感吧。他一旦察覺到「某個東西和另一個東西之間有關聯」，就會為了找出靈感背後的真相這個「目標」，而踏實地組裝踏腳處，慢慢往上爬。雖然是天才，他還是會好好安排好踏腳處，逼近目標。

當應該達成的目標太過崇高時，大多數的人都會放棄追尋吧。或者，搞不好更多人打從一開始就沒把它當成是目標吧。這

會造成什麼樣的結果呢？就是只把自己眼睛看得到的東西當成目標去追逐。無論個人或企業，會變成只知道追逐現在的自己伸手似乎就搆得著的東西，或是即使不建立踏腳處，稍微跳一下就能搆著的東西。一旦個人與企業都只知道設定小巧舒適的目標，日本社會當然就會慢慢停滯不前。

但也有相反的情況。只設了一個高到毫無現實感的「目標」，卻完全沒有秀出實現該目標的路徑。就是常見的企業標語那樣的東西。只知道制定令人費解、有如妄想般的目標，卻完全讓人感覺不到要怎麼和現實的企業活動搭上線。要是組織裡的成員們都不相信那是一個可能實現的目標，那個目標就失去意義了。缺乏策略的目標，不過是空泛的裝飾品而已。

要是眼前有一堵你想要攀爬上去的牆，首先會需要的是建立踏腳處的技術。出現高聳的牆壁時，只想得到要用跳躍的方式一口氣跨過牆面的人，會覺得辦不到而放棄。這樣的人只是不知道打造樓梯（＝策略）的方法而已。就算目標高遠，只要具備從目標往現在回推、巧妙地安排踏腳處的技術，就能像高斯那樣抵達目標。**就算牆面再高，只要做出樓梯來，一定能夠攀爬**。首先要相信這件事。

接著要看，你能否把自己的觀察角度帶到你想要攀爬的那座牆上方？雖然無法讓靈魂出竅，但在我們的思考中，是可以把觀察角度飛躍到目標處的。只要能夠從牆的上方往下看景色，就能清楚看出，踏腳處或樓梯應該建在哪裡好。我個人認為，一個人如果能具體看到目標處的景象，看見通往該處的有落實可能的途徑的話，就是一個「有能力訂定策略」的人。

◆ Case 5：打造 V 型復甦的大策略

USJ 挹注總投資額 450 億日圓，打算興建哈利波特的主題園區一事，以當時的經營規模來看，是令人難以置信的、輕率之舉般的賭博。外界都報導我們竟然把每年營收的六成拿來投資，但事實上我們用於投資的不是營收而是獲利。這樣子看的話，亂來的程度用「像是一個已經有相當負債、年收入一百萬日圓的人，買了一輛法拉利」來形容，還比較貼切。當然，當時公司高層幾乎任何人都反對，應該只有極少數的人認為這個計畫會成功。但此時此刻，哈利波特的城堡已經建得好好的，也因為極為成功而使得 USJ 有飛躍式的成長。

最先提出要興建哈利波特園區的我，那時是握有一定程度的勝算的。後面別的章節也會提到，我自己估算出來的需求預測數字，與今西先生以不同於我的思維驗證而得的預測結果，有頗多吻合之處。也就是說，那時我們已經知道，只要平安把它蓋好，行銷又成功的話，這個投資案回本的機率就很高。但最大的問題在於，在蓋好之前的三年期間，我們要如何存活下去。為建設哈利波特而必須掏出來的費用，要如何籌措，才能在現金流不致於中斷的情況下繼續蓋下去？而且，為了把投資集中在哈利波特上，在蓋好之前的三年裡，我們必須用很少的費用，把遊客人次大大衝高。

那三年裡，能夠以極低的預算，持續維持遊客的成長下去嗎？每年必須為 USJ 這個品牌增加多少的「M」才行？存在著多少贏得「M」的機率較高的消費族群？該消費族群的偏好，要如何以什麼實際的方法提升？不斷進行這樣的分析，然後針對實際可供選擇的策略選項，從成功機率較高的方案依序往下排。我發現，要在一開始的三年存活下來，所需要的子彈，看起來是不夠的。不過，在我們以多種不同的方式調整模擬擊發子彈的順序後，發現假如計畫執行得宜，其實是可行的。

為了實現「在哈利波特蓋好後，跳脫仰賴關西市場的體質」這個目標，我們根據目標回推，算出必要的「M」，然後把爭取「M」時所需要的子彈排好，逐步建造攀牆之用的樓梯。「M」有四大成長空間：

1）獲得來自家庭客層的「M」：盡快建設新的親子區域，使其成為針對樂園長年的弱點「攜帶小朋友的家庭」贏得其偏好的最大驅動因素。以最快速度興建新的親子區域「環球奇境」的時間點是在 2012 年。一切裝設工作都以該區為最優先。結果，這個新區域大受歡迎，在那之後， USJ 的「M」每年都比以前成長兩成，也成為用來興建哈利波特的最大營收來源。

2）利用萬聖節季獲得「M」：當時，每年的十月已經是我們集客人數最多的月份了，而我們在十月的萬聖節季找到了最大的成長空間。這個成長空間，那時也已經透過「伽瑪・卜瓦松最近購買時間模型」確認過其存在了。只要手邊有最近購買時間（消費者最近何時買過這個品牌的東西）的資料，將之輸入這個模型，就能透過計算推得該品牌或品類的購買頻率（frequency）與滲透率（penetration）。一般人很容易會以為十月已經沒辦法再往上成長，但數學卻很客觀地指出有成長空間。那時我們採取的戰術是，讓整個樂園四處充滿殭屍，舉辦了「萬聖恐怖夜」的活動。現在萬聖節的集客人數，已經是以前的兩倍了。

順帶一提，「伽瑪・卜瓦松最近購買時間模型」是把先前介紹過的 NBD 模型拿來應用的數學式。實際式子如下所示。想了解實際如何運用的朋友，請參照卷末解說 2 的部分。

$$P_n\{t-(t-1)\}=\left\{1+\frac{m(t-1)}{k}\right\}^{-k}-\left(1+\frac{mt}{k}\right)^{-k}$$

表 3-2

期間	P_n：期間別的滲透率（以人口來說就是來園比率）
$T_0 \sim T_1$	$P_n(1-0)$
$T_1 \sim T_2$	$P_n(2-1)$
$T_{t-1} \sim T_t$	$P_n\{t-(t-1)\}$

3) 從個別品牌的粉絲獲得「M」：光是拉攏以動畫《航海王》為首，來自遊戲與動漫的多個強力品牌的粉絲群，就能累積許多「M」── 這一點也是早有勝算的。只要針對各個這類品牌的

粉絲群，調查其規模與屬性，很容易就能測定出來。對主題樂園來說，與既有客群重疊之處愈小，追加集客的效果就愈好。因此，USJ 才把品牌策略轉換為「全球最棒的娛樂齊聚在此的選貨店」，好在旗下囊括更多樣化的品牌。

4）從追尋刺激者那裡獲得「M」：此外，我們也發現，雖然 USJ 的客群當中，年輕人的比率已經很高，但對於那些以年輕人為中心、愛好刺激的群眾，我們依然還有成長空間。為什麼？這也是數學的力量。根據迴歸分析，與前往主題樂園的年齡別來場分配情形相關度極高的，竟然是男性荷爾蒙（睪固酮）的年齡別分配。我們發現，和男性荷爾蒙所顯示出來的年輕人應有的來場人數上限比起來，USJ 當時的現況，仍然存在不少成長空間。我們也是據此才導入了 2013 年登場的「好萊塢美夢 乘車遊 逆轉世界」，以及 2016 年春天問世的第二座雲霄飛車「飛天翼龍」（The Flying Dinosaur）。

所謂迴歸分析（數學線性分析的一種）是指，當我們想知道，相對於某一變數 Y，獨立變數 A、B 與 C 等會如何影響 Y 的變動，就可以用它來分析。獨立變數只有一個時稱為「簡單迴歸分析」，獨立變數有多個時稱為「複迴歸分析」。我們經常在運用數學，針對「人為什麼會去主題樂園？」這樣的問題，持續在研究其根本原因。我們認為，在人體的生理現象中，是不是有某種東西與當事人會來主題樂園玩有關？因此我們分析了人的基礎代謝量、血壓、心跳、毛髮量、視力、聽力、隨意肌的肌肉量等項目的各種變化，以及它們與當事人來到主題樂園之間的關係。

結果我們發現，男性荷爾蒙「睪固酮」的年齡別分泌量，與主題樂園來場者的年齡別分析之間，存在著強烈的相關性。順帶一提，「睪固酮」在男女體內都存在，雖然男性的分泌量較多，但年齡別的分泌曲線，男女都呈現類似形狀。睪固酮據稱是可以讓行為活潑化，以及與生殖行為有關的荷爾蒙。這樣看來，搞不好是當事人在無意識間受到睪固酮的促使，因而想要追求「刺激」或是「認識異性」，所以才來到主題樂園。

此外，由於可能會對增加「M」造成反效果，所以必須多加注意的是，調漲門票價格這件事。不過我的想法是，漲價也可能成為衝高營收的一大機會。漲價帶來的客單價增加，是營收上一個很大的成長空間。要想既調漲價格又不會讓「M」減少，就必須有能力針對價格彈性做精密的分析。而對於愛好數學的我來說，這是我最擅長的。只要能既提高單價又增加來場人數，對於現金流量的增加就等於有了雙倍效果。

我們在2011年、2012年、2013年運用上述這些點子打造出樓梯，並把從這些新做法得到的「M」所帶來的現金流量，拿來充當2014年哈利波特的興建資金。我那時就是在想這樣的策略。導入各種低預算的點子，用從中賺到的現金，聚焦於環球奇境的興建上，再把從那裡賺到的現金，投資於能夠吸引更多「M」的機制上，賺取到龐大的現金，最後全都挹注在哈利波特上……。真要講的話，是一種「稻草富翁」的策略（笑）。

接著，我們預期在哈利波特建好之後，現金流量將增加，因此又想好了一套可能在多個據點發展集客事業、一口氣擴大公司規模的策略構想。也就是說，第一階段是利用環球奇境得到家庭客群，第二階段是利用哈利波特擺脫依賴關西市場的體質，第三階段則是透過大型投資追求規模成長。在這套大策略的「三段火箭構想」下，USJ 自 2010 年以來，已踏上了賭上公司命運的一場大冒險。

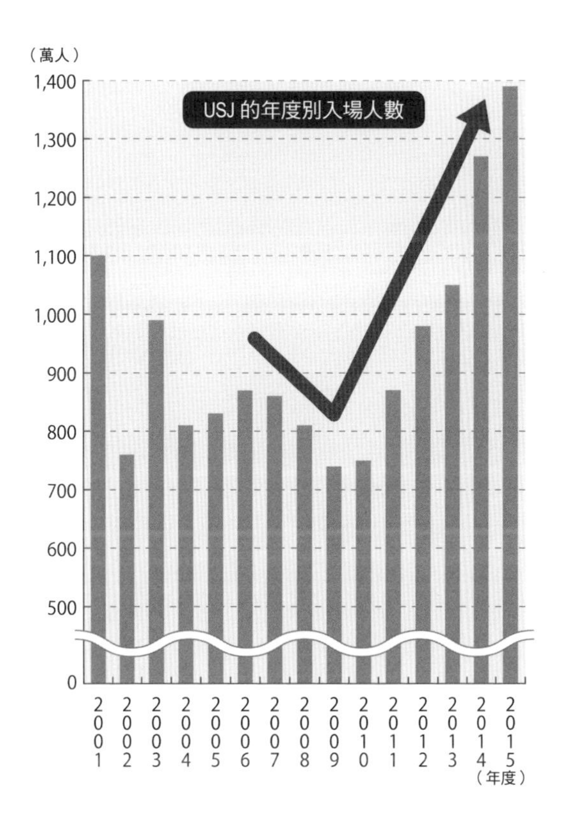

第四章

把熱情加到數字裡！

在本章，我希望以一個負責訂定企業策略、決策以及執行的當事人身分，試著把我在工作時所注意的事項，坦率地把我所秉持的心態給整理出來。雖然我身為一個提倡機率的人，會用數學去究明這個社會上的機制，逐步找出策略立足點，但即使像我這樣邏輯思維很強的人，為了提高成功機率，還是很重視一些足以引領我行動的重要原則。我所秉持的心態是「要把熱情加到數字裡」。

先前，NHK 的一個紀錄片節目「專業 工作的風格」，曾製作過一集以我為主的節目內容。那時，他們曾經在節目中幫我把這句話傳達給大家。我想外界對這句話應該會有各種不同的解讀，但似乎有人把我想表達的意思完全搞反了。絕不能把數字加到熱情裡。由於這是未來我要以策略家的身分繼續發展下去時所重視的心態，在此我希望把它闡釋得更明確一點。

我能不能運用數字的推導，徹底找出成功機率最高的策略，然後在完全抹殺所有情感的狀況下，選擇一個很純粹地對於實現目的來說最為正確的選項？而為了實現這套策略，我能不能在戰術階段源源不絕地持續燃燒著龐大的熱量，好吸引有熱情的人共同參與？我一向都是一面懷抱著這樣的煩惱一面做，而且現在的我，也一直還在煩惱這樣的事。

1 「情感」會變成決策時的干擾

我記得 NHK 教育頻道曾在 2015 年 8 月 7 日播過一個我

非常感興趣的節目，《心與腦的白熱教室》，節目中介紹了英國牛津大學的上課內容。那一集介紹的是研究「精神病態者」（psychopath）的課程。一講到精神病態者，我想很多人都會聯想到，電影《沉默的羔羊》裡的漢尼拔·萊克特（Hannibal Lecter）博士那樣的人吧。當他想吃人的胸腺時，就會滿不在乎地殺人，取出那人的胸腺，當成料理給吃掉，是一個反社會的性格異常者。但是讓我獲益良多的是，在這一堂課當中，卻是以前所未有的觀點指出，事實上並非如此。

一聽到「精神病態者」這個字眼，任誰都會在腦海中浮現「他們好可怕」的印象，就好像他們是冷酷無情、窮凶惡極的連續殺人犯，或是恐怖分子一樣。然而根據研究，一個人是不是精神病態者，與他會不會訴諸暴力，其實是不相干的。根據這一集的內容，一個冷酷無情的連續殺人犯，屬於「暴力性的精神病態者」；但在這個世界上，其實還有很多「非暴力性的精神病態者」。此外，所謂「精神病態性」，也不是非黑即白，可以分得清清楚楚的。每個人或多或少都有某種「精神病態性」特質，但會不會被認定為「精神病態者」，只是「程度的問題」而已。真是太有意思了！ NHK 製作了一個很棒的節目。

那麼，何謂精神病態者呢？據研究者的說法，簡單講是這樣的特質：所謂的精神病態性，指的是針對目的，不會因為情感的糾葛或人際關係的牽絆而感到迷惘，而會採取純粹而正確的行動。暴力性的精神病態，只不過是把這樣的性質顯現在犯罪上而已，他們對於自己的欲望，其實做出了很純粹坦率的反應。身為暴力性精神病態的連續殺人犯，只要是為了滿足自己的欲望（目的），一旦需要殺人，他們就會滿不在乎地殺人。由於他們很少（或者根本不）會因為想到對方有多痛苦、對方一直以來的人生、他們的家人之類的事，而產生情緒上的糾葛，因此能夠針對自己想達到的目的，純粹地採取正確的行動（以這個例子來說，就是殺人之類的反社會行為）。也就是說，所謂的精神病態性，以我個人的解釋，就是「一種不會因為情感而干擾到決策的人格特質」。

研究者也提到，在現實社會中，也存在著許多「非暴力性的精神病態者」。暴力性之有無，與精神病態性之有無，原本就是不相關的，只要好好接受教育，他們也能像一般人一樣，絕不會變成具有暴力性。而且令人驚訝的是，研究中還說，在非暴力性的精神病態者當中，也有不少人具有高智商與教養，在社會上極為活躍，也得到可觀的成就。

有一項心理實驗，在比較了監獄中窮凶惡極的受刑人，以及在現實社會中生活的人們之後，得到了饒富啟發性的結果。在大企業中位高權重的人當中，有很多人都和監獄中窮凶惡極的精神病態者，擁有非常近似的精神病態性（但無暴力性）。研究者還發現，除了在企業擔任要職者外，有些職業常可見到具精神病態性的從業人員，像是執行長、外科醫師、律師、記者等等。反之，精神病態性低的職業，則包括照服員、護理師、治療師、教師、藝術家等等。各位不覺得很有意思嗎？

執行長或在企業擔任要職等公司高層人士，經常必須做一些艱難的決策，而且是一般人的精神力根本承受不住的那種決策。為了大局而做的正確決策更是如此，很多時候，他們都被迫必須做出「要留誰、要砍誰」這種極為困難的選擇。但如果必須做的決策雖然艱難卻很正確的話，要是決策者的情感太豐富，就只會造成干擾而已。所以，在做決策的情境當中，對一個不會因為情感而干擾到決策的「精神病態者」來說，是很有利的。

一個往上爬到企業高層的精神病態者，應該還有另一個強項，就是面對「出人頭地」這個目的，可以毫不猶豫地採取行動。以我個人來說，那種擺明了就是「伺候上司」或「拍馬屁」之類的行為，我會因為太難為情而做不到，但他們應該可以滿不在乎地做到吧。只要這些行為有助於實現「出人頭地」這個目的，諸如「覺得難為情」還是「自己的自尊」、「別人的眼光」等情感上的糾葛，都只會造成干擾而已。無論目的是什麼，為了成功，就只能做出對於達成目的來說，成功機率純粹較高的選擇。要出人頭地，精神病態者畢竟是比較有利的。

大企業的執行長或位居要職者固然如此，在那些「情感」會干擾到成功的職業當中，精神病態性一樣可以提供很大的助力。即使面對一般人會感到煩惱或是驚慌的危機，精神病態者依然能夠不受情感所囿，冷靜地採取行動。相對的，像護理師或老師這種擁有豐富的情感較為有利的職業當中，之所以很少看到精神病態性強的人，也就不難理解了。在第一章開頭處我曾經提過，「人可以挑工作，但工作也會挑人」，這裡講的精神病態者的事情，也是適用的。工作情境決定了從業人員的特質，而特質適切的人，就在整個社會裡，慢慢地在適切的職業上落腳。

2 人類是一種會避免做決定的生物

大多數的人都不是精神病態者。多半的人在做決策時，都會摻入情感因素，以保護自己為最優先事項，而傾向於維持現狀。也就是「天生怕痛」。他們不想面對會讓自己痛苦的「艱難抉擇」。在前面提到的那個電視節目裡，做了一個假想情境的心理測驗，問了現場觀眾這個問題：「在分成兩條的鐵路岔道上，其中一條軌道上有五個人，目前列車正往那個方向行駛。假如另一條軌道只有一個人，而轉轍器前面只有你一個人在，你會為了救那五個人，而改變火車的行駛方向，把另外那個人殺掉嗎？」還有一個問題是：「軌道上方的陸橋上，有自己和另一個男人。一旦列車通過陸橋下方，很明顯就會把五個人撞死的話，要是只能把眼前這個男人從陸橋上往軌道推下去，變成障礙物，才能救那五個人，你會把他推下去嗎？」

節目中的觀眾雖然為做決定而感到苦惱，但對於第一個問題，不少人還是回答了「會切換列車的行駛方向」。但對於第二個問題，大多數的人都無法做出「親手把眼前的男人推下去」的抉擇。這是因為，要親手把人家推下去，自己的涉入程度太大，所產生的情感會干擾自己的決定使然。不過，精神病態性強的人，還是會毫不猶豫地馬上把男子推下去。因為，那才是正確的選擇。要是犧牲一個人可以救五個人，二者相減，等於還是能救四個人。對於這麼合乎邏輯的判斷，他們不會遲疑，而且，他們也不會覺得有什麼（有的話也是非常少）情感的苛責或是罪惡感。所以，精神病態者針對目的，能夠毫不遲疑做出正確的選擇與行動，而且判斷的速度很快。

同樣是「白熱教室」這個節目，在另一次的播出裡，也曾引用了一些資料，如實地說明了人類這種生物，會避免做出容易造成心理負擔的決策。資料是來自於歐洲各國對於「是否認同往生後捐贈器官」的意見調查。這項針對自己死後是否願意以器捐者的身分，從遺體摘除器官提供出去所做的調查，其實非常有趣。他們研究歐洲各國對於器捐同意率的研究後，驚訝地發現，各國人民的同意率會因為不同國家而相去甚遠。請看表 4-1。

表 4-1

丹麥	荷蘭	英國	德國
4%	28%	17%	12%

瑞典	比利時	奧地利	法國	匈牙利	波蘭	葡萄牙
86%	98%	100%	100%	100%	100%	100%

節目中引用的資料：Johnson & Goldstein，2003 年

某國只有 4% 同意，別的國家卻 100% 同意，為何會有如此大的差別？研究者擬定了各種假說，試圖找出為什麼會有這麼大的差距。他們認為，同樣是歐洲的國家，器捐同意率卻差這麼多，

其中肯定有什麼因素導致。是因為文化或宗教觀的不同，導致不同國家對於醫學或對器捐的想法不同嗎？還是因為各國的教育制度不同，國民對器捐的理解各不相同，才會這樣呢？他們根據各種假說進行調查後，卻出乎意料地得到了單純而又最有說服力的結論。

那就是「同意書的格式不同」所導致的。在器捐同意率低的國家，把同意書的預設選項設為，只要民眾沒有勾選「您是否同意器捐？」的格子，就視為「反對器捐」。相反地，在器捐同意率高的國家，把同意書的預設選項設為，只要民眾沒有勾選「您是否不同意器捐？」的格子，就視為不反對「捐出器官」。國民性或是教育的不同等事項，都不是影響同意率高低的主要因素。

總之，人類有很強的「順從預設選項」的傾向。他們會避免自己偏離預設選項，也就是他們很討厭麻煩事，或是會造成心理負擔的事。他們會盡可能不想做決定，不想自己去判斷事情。在那個節目裡提到，荷蘭即便為了推動器捐，由中央政府與媒體聯手舉辦過盛大活動，同意率卻只有區區 28% 而已。那麼努力，器捐同意率反而還輸給一些只因為採用「不反對就視為同意」的提問方式，就得到高器捐同意率的國家。從這個例子可以明顯看出，人類這種生物，會盡可能避免做判斷或做決定。

在商業上，可以說也有同樣的情形。很多時候，要做的決策愈是重大，當事人做判斷的情境，就愈會為他們帶來莫大的壓力。要是沒有經過足夠的訓練，人類會在無形之中想要逃離「做出正確判斷」這樣的使命。這並非公司高層在做重大決策時才會出現的情形，在多數人的日常工作中，一樣看得到這樣的情形。

例如，你有沒有做過這樣的事？當你針對一件事擁有某種程度的決定權，而你把自己認為正確的事告知對方時，原本認為往那個方向推動很正確的你，和對方交談後，卻發現到他很情緒化地非常強烈反對你的想法，結果一回神，你已經在自己心裡，開始尋找偏離原本目的的妥協方案了。而且你還在心裡列出各種正經八百的藉口，自己把偏離原本目的的行為給合理化。這就是因為面對壓力而變得無法做出正確決策的一種典型型態。但大多數場合下，當事人對這件事是毫無自覺的。真相是，你優先處理了「想要從自己面對的壓力中逃走」這件事，而非「為了公司而做出正確決策」，那是一種基於保護自己的本能而採取的行動。簡單講就是，看到別人露出厭惡的臉時，自己會覺得很難受。

還有就是，當做出某種選擇時，會造成重大結果的情形。在決策時，所需資訊本來就很少能收集到八九成，但是卻有人會以某些對大局並無影響的資訊「尚不充足」為藉口，而推遲做決定。這樣的主管，你沒有看過嗎？露出備感困擾的表情，把以前應該早已討論過的論點又拿出來講，一再重複相同的討論，遲遲無法做決定。這樣的主管，你沒有看過嗎？所做的選擇愈是會造成重大的結果，壓力就愈沉重。自保本能強烈的人，就會不想做決定。把這種人看成是「缺乏決斷力」或是「不適合當領導者」，是沒有錯的。不過，一個人只要不是精神病態者，絕大多數生來都會具有這樣的特質，因此這是很符合人性，也很正常的。絕大多數的人都覺得，與其不斷煩惱要怎麼抉擇，寧願什麼也不選。

3 最好把日本人的對手都當成精神病態者

在我們以之為對手的這個世界當中，包括時常存在於執行長或公司要職等企業主管裡的高精神病態性的人在內，有許多是不受情感影響，能夠針對目的，純粹地做出正確決定的領導者。雖然這只是我這個曾經在盎格魯撒克遜公司與他們一邊競爭一邊共事過的人根據直覺所擬定的假說，但在綜觀近現代國家，或企業的發展與競爭時，我認為盎格魯撒克遜組織之所以能夠在人類當中表現得這麼突出，和他們能夠排除情感、做出合理決策的機率較高，不無關係。針對目的，他們不是一向都能做出正確的選擇嗎？即使是日本人會覺得「這種刻薄事情，我有點做不出來」而遲疑的事，只要對達成目的來說是正確的，他們就是能滿不在乎地照做不誤。

我住在美國時，那時我女兒還很小，她在當地的小學和美國小孩一同上學時，就是其中的少數民族。在我女兒的朋友當中，有一個和她特別要好的白人男孩，叫波比。女兒在學校經常和他一起玩，在家也時常聊到他的話題。但不知道從哪天開始，她不再聊他的事情了。我不由得在意起來，問她：「妳最近和波比要好嗎？」孩子回答：「唔，我們最近關係不好。波比玩遊戲時，只要自己快輸了，每次都想改變規則，很討厭。」

我記得當時我不由得笑了出來。因為，西方人是只要狀況一對自己不利，就算改變規則也要贏，日本人卻是喜歡遵守規則；

雙方之間的衝突，連在這麼小的孩子的世界裡，也會發生。在國際體育賽事等場合，也常有這樣的情形。當本國選手贏不了時，就找個看來合理的其他理由，把規則朝有利於本國選手的方向改變，這是西方人最擅長的。在商業的世界也一樣，他們經常都在找尋策略性地改變遊戲架構的機會，透過改變業界規則、顛覆遊戲的基本主軸，以封殺我們的強項。

現在不是在談「這麼做是好是壞」的道德問題。當我們純粹地考量雙方何者能提高勝出的機率時，我就會想到「改變遊戲規則」的部分，而在這方面，西方人比日本人厲害太多了。日本人不知是否因為武士道的精神，比起勝負更重視過程中的名譽，因此在心理上相當排斥為求獲勝而採取自己認為的低劣手段。但西方人由於純粹堅持於「要贏」這個結果上，因此雖然他們也並非沒有心理上的抗拒，但和我們比起來，還是屬於另一個次元的。他們會拼命地針對「輸贏取決於什麼？」、「獲勝的必要條件是什麼？」去做合乎邏輯的分析。他們對此毫不猶豫的樣子，看在日本人眼裡，就像是精神病態一般。

當日本人單純地相信目前的規則而在做練習時，他們一定絞盡腦汁在想：「我們要怎麼改變比賽規則，才能讓這個厲害的日本人贏不了？」我認識一位英國的運動評論家，曾經在酒過三巡之時，清清楚楚地告訴我：「西洋的所謂運動家精神，只是因為那樣的想法不是真心話，才會拿出來大聲嚷嚷。基本上，為求獲勝而不擇手段才是常識。明明是為了讓對手鬆懈的一種宣傳手法，卻還上那樣的當，深信是在打一場乾淨的戰爭，真的是太老實，太不懂世故了。」那樣的思維，在我看起來，覺得還頗精神病態的。

過去，日本家電業稱霸世界時，日本企業的強項除了開發能力外，還有獨自培養起來的，把承包商與再承包商納入企業集團一員的「垂直製造體系」。但蘋果電腦等企業，則是專注於行銷能力與開發能力上，因而得到足以極其迅速變更設計與規格的速度與彈性。而且製造體系還會配合不同時點的製造能力與價格，從全球專門從事代工業務的製造商當中，適時指派合作對象，也因而得到了壓低製造成本的優勢。對於採取由上至下一條龍方式的日本企業來說，既有的強項反而成了枷鎖，一回神，競爭環境已經改變，在開發速度與成本面上，已經落後於人。在我看來，就等於是對手在不知不覺間，已經把競爭規則給改寫掉了。

今後，為了讓日本能夠繼續當一個豐足的國家，就應該要有自覺，自己是在與這樣的對手有所牽連的世界裡競爭。沒有閒工夫讓你大談情感什麼的了。要想成功，就要純粹去想「能否找到成功機率高的策略？找到之後能夠選擇它嗎？」機率上的正確，不是用你自己的情感去衡量，而是純粹去看「針對我們的目的，成功機率如何？」在策略層次的討論當中，不需要「情感」。更別說是企業層級的決策了，情感只會干擾而已。務必謹記「除非極力排除掉情感，否則將無法做出對組織來說正確的選擇」，不這樣的話，面對理性導向的他們，是沒有勝算的。

我的感覺是，很多日本人都無法把情感和理性分開來。在做決策時，情感太過涉入。在英文中，多半把情感（heart）和理性（mind）分開來用，但日本人卻只用一個「心」字，就囊括了情感和理性，沒有加以區分。覺得二者都是「心」的日本人，是不是壓倒性地多呢？你們難道不覺得，日本人有一種傾向，會優先注重自己和周遭之間的人際關係是否融洽，或是選擇自己不會痛苦的選項，而不是去看對達成目的來說正確與否嗎？情感因素涉入後，就會想要盡可能往「不痛苦」的方向前進，沒有去選擇對目的來說正確的選項。要不然，就是為了讓大家容易接受，而太過重視和諧，變成打從一開始就把大家的意見加進來，尋找圓融的「妥協點」。但中長期下來，這麼做對於大局來說，真的是正確的決策嗎？

我想，日本應該也有精神病態性強的人。實際上如何呢？恐怕像前面西方的資料一樣，比較擅長控制情感的人（精神病態性強的人），會比較容易爬到企業比較高層的位置。但日本人心目中的理想領導者，應該比較不是能夠在冷酷無情下做出正確決定的類型，而是情感豐富、饒富人情味的類型，不是嗎？在多數成功者的傳記中也是（雖然傳記不能照單全收），多半把創業家或企業家們，描述成會為人著想的「品格高潔者」，而非與生俱來的精神病態型人物。

是日本人對於領導者的期盼造成這種情形嗎？以大久保利通為例，我對他的評價非常高，因為我認為他是為近代日本打下基礎，貢獻最大的人。但社會上卻沒什麼人喜歡他。能夠成為大河劇主角的，畢竟還是像西鄉隆盛這種人，假如拍的是大久保利通的故事，收視率恐怕就堪憂了。在日本歷史上，有誰講究理性講究到像是真正的精神病態者？我覺得織田信長很有那種味道。他採取了不少在當時被視為絕不能碰的做法，像是火攻護國的泰斗名刹比叡山、把人全都殺光等等。

4 為何偏離目的是危險的？

我們來從機率的角度看看，一旦無法做出合乎邏輯的決斷，會發生什麼事吧。請想像一下，當我們決定好策略，再根據這策略來決定戰術的狀況。正如各位也經歷過的，戰術在執行的階段，未必能夠百分之百命中目標（紅心）。實際的成果與目標之間，經常會有誤差存在。當然，誤差太大的話，就沒有效果了。誤差也是操控在機率之神手中的。

在此我用一個貼近各位的遊戲來說明誤差好了。例如，請想像一下在酒吧等地點會看到的飛鏢遊戲。要射中紅心，並不是那麼容易的事。就算凝視著正中央的紅心，慎重地瞄準它把飛鏢丟出去，都未必能夠精確命中紅心。就算明確地瞄準目標，射中的地方和紅心之間還是會存在各種誤差。要是原本瞄準的地方就偏離紅心，然後把飛鏢射出去，再加上誤差，飛鏢射中的地方，和原本的目標「紅心」之間，究竟會差多遠？

我們利用簡單的假定，來做數學上的驗證看看。假設飛鏢盤的大小為半徑 15 公分，盤上畫了兩個圓，一個距紅心半徑 5 公分（小圓），另一個半徑 10 公分（大圓）。假設從你過去的經驗來看，你的技術可以射中紅心往外平均 5 公分（1 個標準差〔standard deviation〕：5 公分）處好了。假設你瞄準紅心，認真地丟了 100 次飛鏢，把偏離紅心的距離視為誤差，而且這誤差也和其他一般誤差一樣，都呈現常態分配。

結果，在 100 支飛鏢中，雖然射中的位置不一，但有 68 支射進了小圓（1 個標準差）的範圍內。有 27 支射進小圓與大圓（2 個標準差）之間。剩下的 5 支飛鏢中，有 4 支射進了大圓與飛鏢盤的邊緣之間（3 個標準差）。最後還有 1 支則是好不容易碰到飛鏢盤邊緣，或是沒射中飛鏢盤，射到了牆壁上。

假設策略在執行階段與目標間的誤差，也和飛鏢的誤差一樣呈常態分配。為使計算簡單，我們假定距目標 1 個標準差以內的效果相同，1 個標準差以外的話效果為 0 好了。現在，考慮以下三種狀況，比較其效果。

1）做出正確決斷，設定了正確目標
2）未做出正確決斷，目標從正確目標偏掉 1 個標準差
3）未做出正確決斷，目標從正確目標偏掉 2 個標準差

如圖 4-1 的 1 所示，策略依照與目標間的不同標準差，距離依序為 0.34、0.14（0.1354）、0,02，左右都分布。把左右的相同距離數字加起來，會得到 0.68、0.27 以及 0.04，與射飛鏢的結果相同。此一分布表示機率，把這三個數字再加起來，正確來說是 0.997。目標以粗的垂直線表示。若做出正確決斷，所實施

的策略有 68% 有效果。假如目標偏離正確目標 1 個標準差，策略也從目標處起呈現同樣的分布。但因為決斷左右偏移，無論往左或往右偏移，策略能夠發揮效果的範圍，各只有 0.34 加 0.14 的比例而已。往左或往右偏的機率，可看成是各 50%。

把這件事列入考慮後，在 2) 的狀況下，可以產生的效果是 (0.34＋0.14)×50%×2＝0.48，也就是 48% 的效果。只不過從正確目標偏離了 1 個標準差而已，成功機率就變成做出正確決斷時的七成了。光是這一點，就讓成功機率下滑了三成！更恐怖的是 3) 的情形。要是做出了頗為情緒化的決斷，變成偏離正確目標兩個標準差的話，以同樣方式計算，(0.14＋0.02)×50%×2＝0.16。策略只有 16% 有效果。一旦偏移兩個標準差，成功機率就銳減到只有做出正確決斷時的大約四分之一了。以上固然是根據先前的假設所計算出來的結果，但我認為這樣的沙盤推演很實際，一點也不空泛。

這樣子，各位可以理解到，做出正確決斷為何重要了嗎？理解到為了提高成功機率，針對目的做出純粹而正確的決策，有多重要了嗎？即使是像射飛鏢那樣，已經有明確的目標要瞄準，都還會產生誤差，要是瞄準的目標歪掉了，商業活動的結果，就會變得非常糟糕。為求成功，即使被說成冷酷無情，即使有人大哭大喊，都非得做出正確的決策不可。精神病態性較高的人，不但能夠毫不遲疑瞄準目標正中央，還能夠從意識中徹底排除掉「因為情感與雜念導致的猶豫不決」，因此是一群擅於把隨機誤差造成的偏誤，控制在最小的人。

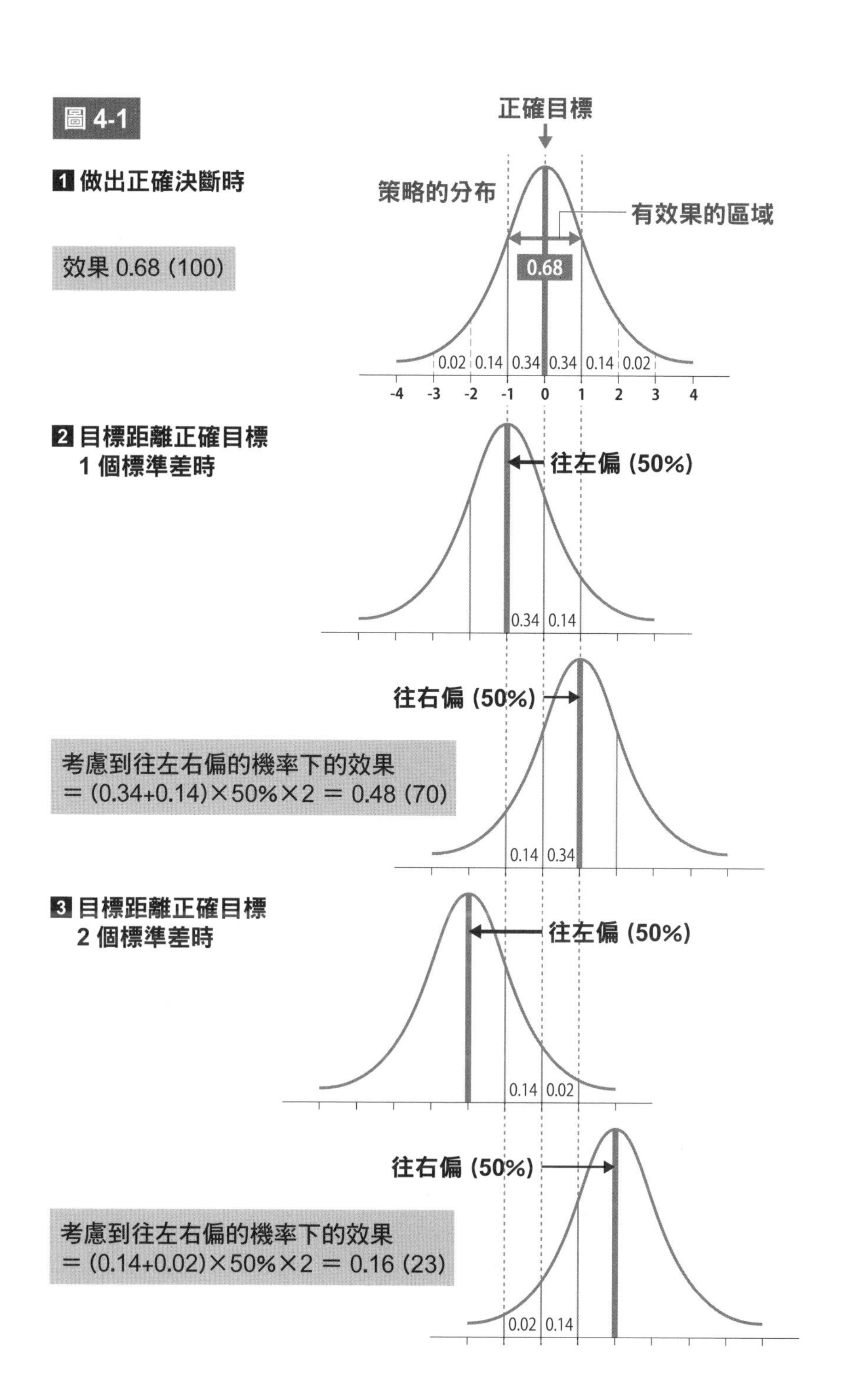
圖 4-1
1 做出正確決斷時
效果 0.68 (100)
正確目標
策略的分布
有效果的區域
0.68
0.02 0.14 0.34 0.34 0.14 0.02
-4 -3 -2 -1 0 1 2 3 4
2 目標距離正確目標
1 個標準差時
往左偏 (50%)
0.34 0.14
往右偏 (50%)
0.14 0.34
考慮到往左右偏的機率下的效果
= (0.34+0.14)×50%×2 = 0.48 (70)
3 目標距離正確目標
2 個標準差時
往左偏 (50%)
0.14 0.02
往右偏 (50%)
考慮到往左右偏的機率下的效果
= (0.14+0.02)×50%×2 = 0.16 (23)
0.02 0.14

5 透過自我意識與努力，學會冷靜透徹地做出決策

在前面提到的那個節目中，我發現了一大希望。在檢視英國與歐洲的歷史人物後已確知，以亨利八世與阿道夫・希特勒為首的諸多領導者，其精神病態性都是很高的。但在這些歷史人物當中，關於很多人都認為她應該是貨真價實的精神病態者的柴契爾夫人，其實相當耐人尋味。柴契爾夫人並不是精神病態者。根據當年她身邊的人們的證詞所做的分析發現，她似乎是一個情感非常豐富，充滿人情味的女性。這樣的她，卻能在那麼多極其嚴峻的紛亂情境中，一再做出艱困的選擇，強力地領導英國往前走。她是在強烈的意志以及訓練下，每逢必須做決斷時，就扼殺自己的豐富情感。為做出排除情緒的正確決策，在過人的努力不斷累積下，她才得以成長為一個擁有「鐵娘子」稱號的領導者。

這就是希望之所在。就算不是精神病態者，還是能夠成為一個「能做出正確決策」的人。只要憑藉著意志以及努力，就能扼殺情緒，做出冷靜透徹的艱難抉擇。也就是說，一開始該做的是，徹底分辨出「對的事」來。對目的的達成來說，什麼是對的事？一開始最大的關鍵會在於，能夠以多客觀的角度，徹底看清「要達成目的，成功機率最高的策略是什麼？」這需要的是，能夠在乍看之下讓人覺得只是偶然的各種商業「現象」當中，找出「本質」的技術，也就是找出致勝法則的技術。企業裡要是有具備這種能力的人固然很好，但從企業角度來說，要注重的是，整個組織是否具備這樣的能力。

以我而言，就是為此而採用機率的思考方式。數學是客觀事實的集合體，運用各種數學工具，就能以「客觀的手術刀」切入，先了解何者為正確，再從名為現象的一片混沌或黑暗當中，開出一條通往真理的路來。「把熱情加到數字裡」的「數字」，指的是排除情緒之下，成功機率高的策略。就算任何人提出反對意見，就算任何人哭喊，就算我在組織裡何等孤立，就算別人再怎麼明白地擺出討厭的表情，就算熱愛「只有電影的主題樂園」的狂熱粉絲寄了好幾十封信到我家來抱怨或是陳情，就算網路上寫了再多有的沒的東西……我都還是必須選擇對於達成目的而言純粹而且正確的道路才行。所以我就選了這條路走！

你不痛苦嗎？你不難受嗎？雖然大家常這樣問我，我當然難受啊（笑）。由於太過痛苦了，我決定穿上一副名為「我一點都不期盼別人喜歡我」的盔甲。不過，我的「心」依然說什麼都會產生反應。自從我來到 USJ 後，每年冬天我都過著血尿的生活。我也曾多次出於氣憤而夜不成眠，半夜開車到山上去，在車內大叫。當我因為作惡夢而醒來後睡不著時，我就看著日本刀，與自己的軟弱戰鬥。我並不是一個精神病態者。從很久以前開始，我看了好幾次的《龍龍與忠狗》，每看必哭，到現在音樂劇《悲慘世界》的曲子，我只要聽一段，淚腺就會潰堤。我並不是一個特別堅強或是毫無感覺的人。在我的心中，我總是在和作亂的激烈情感在奮戰。所以我是十分痛苦的！

在決定什麼事情時，是很痛苦的，因為必須有所選擇。能讓所有人都開心固然很好，但絕大多數的狀況下，都不是這樣。因為所謂的決策，就是要為了目的而挑選正確的事。這樣子，就一定會有人笑有人哭。再說，若要改革組織的現況，哭的人會比笑的人還多。畢竟大多數的人希望的是自保，是維持現狀。當整體的發展方向出現大幅變動時，更是非得做好會產生劇痛的心理準備不可。但無法自行背負那種痛苦的人，就無法為了更重要的大局，而割捨一些其他的重要事物。所以才會變成到頭來什麼也改變不了。

為了不讓整艘船沉沒，必須選擇「正確但嚴峻的道路」前進，這是很現實的問題。非得要有個人出來為了大局而做不可。這令人痛苦的工作，一定要有人來做。一個組織裡，有人要出來抽這張鬼牌嗎？有人具備承受痛苦、「雖千萬人吾往矣」的覺悟以及能力嗎？我認為唯有這一小撮人，有資格叫做「領導者」。再接下來就是每一個人自己的問題了。要看有能力這麼做的人，想不想成為這樣的人。當個跟隨者固然也有很多辛苦事，但毫無疑問不會痛苦。和做決定、承受非難的當事人比起來，能夠在一旁抱怨或評論，毫無疑問比較輕鬆。所以大多數的人都不想當領導者，也當不了領導者。

但我深切認為，人可以透過意識以及訓練的累積，學會做冷靜透徹的決策。由於我希望成為一個可以把很多人帶領到能夠致勝的地方去的人，所以我強烈希望，自己可以學會做冷靜透徹的決策。想著想著，一直以來，在選擇自己的職涯路線時，我都是在尋找或多或少可以多累積一些這種「痛苦」經驗的地方。而我也產生了不少痛苦的感受。這麼做的結果是，現在只要我覺得對於達成目的有正面幫助，我已經比以前更能夠輕鬆地抹殺自己的情感，做出選擇了。當然，我還是會感到痛苦，但已經在一點一點慢慢習慣了。只要有遠大的志向在，就能一點一點習慣。

做決策這件事，不需要「熱情」。「熱情」反而會干擾。只要極其冷靜而透徹地，選擇對達成目的來說，機率純粹比較高的選項就好。在那之後的階段，才需要熱情，也就是說服別人認同自己決定好的方向，以及實施戰術。

6 機率之神毫無慈悲心

說來有點突兀，但各位看過機率之神的長相嗎？在我的惡夢當中，經常出現的可怕商業神祇「機率之神」，就是長這個樣子（笑）。在前面飛鏢的例子中介紹的機率常態分配的輪廓當中，「錢」這個資本主義的欲望象徵，就端坐在顏面的正中央。無論做什麼事，都必須瞄準「機率之神」頭部的正中央再丟出飛鏢。每當我面臨關鍵的決勝負場面時，或是在我精神最難受時，這個「機率之神」就會經常在我夢裡出現。考量到機率之神的本質，他這種長相，我想是不算太離譜。

「機率之神」很冷酷，沒有慈悲可言。就算有 90% 的成功機率，只能小心丟一次的骰子，還是可能因為運氣不好，丟出「失敗」的那 10%。因為，機率的發生是隨機的。與其說毫無慈悲可言，不如說那不折不扣就是機率，其中不存在情緒或是情感或是任何東西。你除了說「機率的世界就是這樣」，沒有其他能說的。

這個神在夢裡出現，對我說：「要是丟出不好的結果，該怎麼辦？我想你知道吧，那是隨機的。和俄羅斯輪盤是一樣的哩……。」在背負的東西已經瀕臨承受邊緣時，這一點讓人既害怕又感到沉重。只要有機率計算無法完全涵蓋的部分存在，就算已經對主要的部分做好設想，商業依然是一個沒有絕對的百分之百的世界。

舉個例子，我才剛擬好 USJ 的十週年活動計畫後沒多久，在機率上幾百年才會發生一次、極少見的巨大地震，就襲擊了日本。那就是 2011 年 3 月 11 日發生的東日本大震災。在我的模擬中，十週年活動本身，應該有九成以上的機率，可以實現「必須比前一年成長 8% 以上」的使命。然而，那場大地震的影響，發揮了莫大的破壞力，把我們的所有計算與預估全都推翻了。只能擲一次的骰子，卻擲出了機率不大的「失敗」那一面。也就是剛好卡到那 10% 運氣不好的部分。

由於降臨在身上的厄運很可怕，人無法只把它當成純粹的運氣不好，而會從自己的行動當中，去尋找之所以會變成這樣的因果關係或是原因。也有人因此而從事宗教活動。但在那個時點發生罕見的「大地震」，其實沒什麼特別的原因。一定要講的話，只不過是以長遠的眼光來看，於地球上發生地震的機率，呈現卜瓦松分配而已。這是「機率之神」的法則。

不管我們多麼努力為十週年的活動做準備，不管我們啟動這個活動的時機是否太過不巧，也不管 USJ 是否可能會破產，諸如此類的人道考量，對於無慈悲可言的「機率之神」來說，完全不適用。所謂的隨機，就是這麼回事。完全不管我們的想法如何，「機率之神」在大地震當中奪走了許多寶貴的生命，奪走了人們想去主題樂園玩的心情，不光東日本，就連關西也是一轉眼就瀰漫著強烈的「自我克制」氛圍，來 USJ 玩的人一口氣掉了三成。

正值十週年之時，卻受到這樣的重傷，我們只有找來「點子之神」，追加推出多項措施，以求彌補。結果，我們創下了比前一年成長 16% 的可觀戰果（點子之神的真正身分其實也是「機率」。關於催生出嶄新點子的技術，以及 USJ 創造 V 型復甦的生動故事，請參閱拙作《雲霄飛車為何會倒退嚕？創意、行動、決斷力，日本環球影城谷底重生之路》〔角川文庫，中譯本麥浩斯出版〕）。之所以那麼順利，是因為在地震造成危機時，我們認定為成功機率高的那些補救措施，全都成功地閃過隨機而無慈悲可言的機率，百發百中。就是這樣的結果論而已。現在回顧那五年半，遭逢到那場大地震的狀況，對公司的存活來說，可說是最為危險的情勢。我們真的切身感受到了機率之神有多可怕。

7 用帶有「熱情」的戰術致勝

再怎麼細心地找尋能打贏的戰爭，機率是不可能有「絕對」這回事的。那麼，該怎麼辦才好？在做出冷靜透徹的決策後，就只能等機率之神來做隨機的判定，別無他法嗎？當然不是。身為一個策略家，訂出策略並不是就沒事了，應該視之為宣告「總算要開始了」。因為，還有另一項重大的工作要做。

策略正確到某種程度，固然是成功的必要條件，但光靠這樣還是不夠充分。光有策略，絕不會成功。在商業中，最後的成功機率，是由策略與戰術雙方面共同決定的。若無「戰術上的勝利」，不管你的策略再出色，都只是紙上談兵而已。當然，若有優秀的軍師存在，由他來挑選致勝機率高的戰役，以及正確策略的話，只要戰術不是太過差勁，多半都能取勝。不過，同樣是取勝，視戰術的優劣，贏的程度（戰果）也會有天壤之別。所以，戰術說什麼都很重要。在戰術上非贏不可。

站在策略家的立場，該如何才能讓組織以戰術取勝？戰術的種類繁多、範圍龐大，有各種層次的戰術問題要解決。若能當一個能夠全數掌握、下達細膩的指示、控制勝利的超人固然很了不起，但實際上，一個人的時間、精力、體力等等，將因而超過負荷。因此一個策略家應該冷靜思考兩件事，一是看要把自己的時間集中在哪個部分，才能讓戰果最大化；二是除了自己以外的人，要把他們集中在哪裡，怎麼集中，怎麼運用，才能讓戰果最大化。

一個一拿到長槍就天下無敵的英勇之士，讓他在戰術的最前線揮舞長槍，固然是最好的，但依我之見，一個統籌策略的領導者，最重要的工作在於，把自己的時間集中在「讓每個人都能活力十足地動起來」。就算他為了讓大家動起來，而前往第一線，目的也不在於自己揮舞長槍、執行戰術。但只因為自己很喜歡戰術層次的工作，就壓縮到部下做事空間的主管，其實還不少。那樣的話，就本末倒置了。當然，假如面對的是自己不在場上就怎麼也贏不了的重要戰局，固然還是必須抓起長槍在最前線作戰，但那並不是策略家原本應該扮演的角色。

對我來說，頻繁到最前線的現場去視察、下指示，最大目的在於，把戰術的重要性滲透到整個組織裡，提高在戰術層次做事的人的士氣，讓他們把工作做好。這是為了把我自己有多重視戰術，我自己對於勝利的執著，所帶有的「熱量」傳達給第一線知道。當然，身為專業行銷人員，我的策略著眼點在於，這麼做也有助於盡快理解各種問題，並採取對策，但我個人前往第一線，其實也無法解決太大的問題。我一個人能夠實際處理的問題，一開始就是有限的。就算我一個人再怎麼把長槍揮舞得虎虎生風，和組織整體的能力加總起來相比，我的工作量是微不足道的，這一點在數學上也是不證自明（笑）。所以，我前往戰術第一線，是為了讓人們動起來。講白了就是，我的工作是要「讓大家把工作做好」。

「熱」是可以傳給別人的。站在人們中心點的領導者那壓倒性的熱量，可以從直接觸及的人們，傳達給他們的部下或周遭的人，再傳達給更周遭的人，一直擴散出去。一開始的熱源是「很熱」還是「微溫」，將會對組織整體的溫度，造成決定性的差距。一開始只有「微溫」，將會導致組織陷入失溫症，在外圍因為凍僵而不做事（無法做事）的人，將會慢慢變多。所以，領導者必須前往戰術的核心區，把「他們應該達成的目的是什麼」、「他們面對的困難是為了什麼」、「他們的努力對組織的未來而言是何等重要」這樣的「熱」，傳達給他們知道。重要的是，要盡可能理解第一線面對的困難與障礙，做出有助於他們創造良好成果的「決定」，有時候還必須派遣「援軍」（追加資源）過去。伴隨著一股「非贏不可」的氣勢。

在戰術的第一線，要是員工的工作狀況偏離了目的，或是未能達到期望值，就必須變成一個冷酷的魔鬼。只要是致勝必須做到的最基本底線，就絕對不能退讓。說真的，一看到在極其悽慘的狀況下努力著的部下們，腦中就會響起「他們好可憐啊」或是「根本不必讓他們做到那樣，也能贏的不是嗎？」之類的聲音。但無論任何人哭泣、任何人生氣，重要事項絕對不容妥協。因為，假如不能針對目的做出純粹而正確的選擇，致勝的機率將大幅下滑。到頭來，不但公司將因為沒有做出結果而無以回報部下或同事們辛苦到掉淚的努力，做不出成果的公司，也將無法守護這些人。既然這樣，就算他們再怎麼對我敬而遠之或是討厭我，我還是希望能成為一個足以帶領他們滿足高期望值、創造高致勝機率的人。

我認為，一個想要引領別人到某處去的人，必須比任何人都更有「熱情」。因為，在商業中，沒有什麼事是單憑一個人的力量就能做到的。USJ 的 V 型復甦也一樣，沒有任何一件事是單憑我一己之力完成的。隸屬於組織的每一個人也都是一樣，唯有把多數人牽扯進來，一起行動，才能創造莫大的成果。冰一般的策略所到之處，要採取把各種「熱量」盡可能灌注進去的戰術，這樣才能盡可能把成功機率（策略＋戰術）提升到最大，然後盡人事聽天命。沒錯，到最後，就是等待機率之神的隨機審判。

在邏輯上做好準備後，從精神的角度作戰。我認為在戰術面的靈活、第一線的團結力、士氣以及對於紀律的意識之高，乃至於勤勉等等，是日本人勝過人家的強項。要想以機率思考為首，提升策略的合理性，唯有更加活用日本人在戰術面的強項。在一個沒有絕對百分之百的世界裡，要克服那剩下的幾個百分比到幾十個百分比的不確定性，或是意料之外的困難，就要靠策略家本人的意志力與熱情的力量，因為這樣才能在戰術上做最大的堅持，提升成功機率。所以我才會說「**要把熱情加到數字裡**」。

左手是有數字在背後支撐的冰一般的冷靜透徹，右手是不知乾涸為何、燃燒執著的熔岩般的熱情。我認為唯有雙手的條件齊備，才能抵達難以前往的目的地。

第五章

市場調查的本質與功能
—— 了解偏好

從本章起到第七章為止，由我（今西）接手森岡先生來執筆。我有近三十年的時間在從事市調工作，以及根據市調的結果預測需求。我在日本、北美、南美、東南亞、印度、歐洲等多個地區，負責過範圍廣泛的品類，包括衣物洗潔劑、肥皂、餐具洗潔劑、衣物柔軟精、洗髮精、紙尿布、市售醫藥品（非處方藥）、主題樂園等等。現在我想和各位分享一下，我根據這些經驗所學到的，關於市調的知識與見解。

1 市場調查的本質

企業的終極目的，就是要在競爭當中存活下來。而存活的必要條件是，必須正確理解發生在公司外面的事，就算粗略也好，要掌握相較之下較為正確的未來狀況。至於存活的充分條件則是，自我變革，以順應環境的改變。自我變革時，首先必須決定成功機率高的策略，再據以制定中長期及短期的事業計畫，付諸實行。

在短期計畫中，包括改善既有商品與服務、新產品的導入、以及伴隨著每日生產力的提升與事業計畫變更所推動的組織變革在內。中長期來說，則包括事業內容的變更（企業發展領域的設定）在內。這些剛好就像是生物為了因應逐漸變化的環境，而做必要的適應一樣。因為我們無法控制公司所處的環境，所以必須因應需求、自我變化。

你曾經閉著眼睛走過路嗎？應該馬上就撞到東西，或是摔個四腳朝天吧。請想像一下，晚上不開頭燈駕駛車子的狀況。就和閉著眼睛走路一樣，可能不是撞到東西，就是摔到斷崖下面去。如果從事商業卻不做市調，就好像閉著眼睛走路，或是晚上開車不開頭燈一樣。

當然，有一些公司就算沒有市調部，還是經營得有聲有色。但像這樣的公司，其實都還是有某個人在做市場調查的工作。不過，一旦太過仰賴個人的直覺或經驗，企業的永續性就會發生問題。為使企業能夠維持、發展下去，就必須做有用的市場調查。頭燈要盡可能照得愈遠愈好，因為，愈快察知危險，就愈有時間因應變化。

市場調查的本質在於，闡明消費者偏好（相對好感）及其機制，提供給行銷決策者，以選擇成功機率高的策略。企業必須掌握品牌所處的現況，從最終消費者的角度，以廣泛的視野，多角度地審視他們對公司的既有與未來產品及服務，所抱持的偏好。把用於因應短期及中長期的最終消費者偏好變化所需要的資訊，以及有利於公司的資訊都整理起來，提供出來，將會有助於決策者選擇成功機率高的策略。

之所以要注重最終消費者，是因為形同公司命運的金流，就掌握在他們手上，他們的偏好就是競爭的焦點。金錢就像體內的血液一樣，血液一旦不流通，組織就會壞死。

如表 3-1 所示，決定營收的七大基本因素，全都與消費者的主觀（消費者認知的面積大小與品質、消費者偏好）有很深的關係，而其核心就是消費者偏好。

只要能深入了解消費者偏好，不但可以避開策略出現重大錯誤的危險，還能夠為事業創造好機會。那麼，消費者偏好要怎麼看呢？以下要根據我在寶僑市調部的工作經驗，為各位說明。

調查主要分成用於產生假說的「定性調查」，以及用於檢驗假說的「定量調查」。在定性調查中，包括觀察消費者、拜訪訪談、一對一訪談、焦點團體訪談等等。在定量調查中，包括品類商品使用實態調查（習慣與行為）、產品效能測試、概念測試、電視廣告測試、包裝測試、商品名測試、商品問世後的消費者使用率與實際商品評價調查（產品使用與態度研究）等等。在此要介紹的是，與消費者偏好的基礎，即產品效能相關的兩項重要調查方法之要點。

2 單一產品盲測

我是在 1983 年轉職進入寶僑 Sunhome 公司的宣傳本部（現寶僑日本行銷本部）服務的，當時擔任的是佳美香皂的品牌助理，負責包裝開發、促銷、預算管理的工作。1986 年，我轉往調查部工作，負責洗潔劑產品。我一展開調查工作，就馬上感覺到，那應該是我的天職。當時，寶僑的洗潔劑、肥皂、紙尿布產品群還很少，市調部也只有五個人左右。

我進市調部時，他們主要在做的是產品測試。在產品測試中，會隱去品牌名，把洗潔劑或紙尿布之類的東西，只寫上品類名稱，裝在白色包裝裡。把放進白色包裝的公司產品以及其他公司的產品一起，請不同群體的人使用，給予產品評價。群體會依調查的目的不同而不同，但一個群體大概都是 300 人上下。當時參與測試的人，是調查公司利用電話簿隨機抽樣出來，致電徵求的。為使結果可以拿來做產品間的直接比較，不同群體的人，在年齡等屬性上，會注重平均分配。

在產品測試時，我們最重視的指標是綜合評價。綜合評價的提問是「請在使用過產品後，做全盤考量下，給予評價。請選擇與您的感覺最接近的選項」。選項包括「非常好」、「好」、「普通」、「不太好」、「完全不好」這五階段。分別乘以 100、75、50、25、0 的加權後，求得平均值，然後力求在綜合評價的平均值上贏過市占率第一的競爭產品，比如說像 75 比 70 這樣的分數，就具有統計上的顯著性差異。這種測試方法稱為單一產品盲測（Single Product Blind Test）。

這種測試的特徵在於，能夠測定消費者偏好的三大驅動因素之一，產品效能。市場結構的 DNA 就是消費者偏好，這在幾乎所有品類當中都是真理。但構成消費者偏好的三個驅動因子，也就是品牌權益、價格，以及產品效能的重要度及其各別的構成要素，卻會因為品類的不同而不同。像洗潔劑或紙尿布這種在功能、效用上格外重要的品類，產品效能非常重要，產品測試中的綜合評價，與市占率之間有很高的相關性。若為洗潔劑，代表產品效能的綜合評價，若拿去做多元迴歸分析的話，可得知主要是由「去污力」、「芳香」、「好洗淨」這三個要素所構成，三者的重要度也是依照這樣的順序。我們的產品開發部尤其著力於前兩項要素，所採用的思考方式非常有邏輯，任誰都沒有懷疑的餘地。不過，卻發生了很了不得的事情。

現在來看或許很難相信，但是在 1987 年當時，洗潔劑的主流包裝大小是 4.1 公斤裝的粉末狀洗潔劑。在超市等零售店，都把洗潔劑當成招牌商品，競相推出尺寸更大、價錢又更便宜的產品，最後就出現了這種 4.1 公斤裝（超大尺寸）的洗潔劑。實際上，消費者也沒辦法再抱著比這還大的尺寸走動了。一旦在超市或藥局買了這種洗潔劑，就無法再買其他東西了。我也多次看到有主婦抱著這種超大尺寸的產品回家，那時只覺得看起來好辛苦。

就在這時，花王推出了新商品，尺寸精巧的濃縮洗潔劑「一匙靈」。一開始上市的主要尺寸是 60 次的用量（1.5 公斤），零售價格訂在比超大尺寸非濃縮洗潔劑的實際售價 900 日圓還略低的 870 日圓。這個尺寸比現在販售的產品還略大，差不多是超大尺寸的約三分之一左右。

消費者當時應該是蠻困擾的吧。原本的市場領導者是獅王的「TOP」，但才一瞬間，一匙靈就搶下了六成市占率，成為第一品牌。在消費者心中，一匙靈建立起「精巧包裝洗潔劑」這個洗潔劑品類。看在消費者的眼裡，其他大包裝的洗潔劑，還稱不上是替代品。一匙靈提供了對消費者非常有幫助且差異化的利益（洗淨力強、輕巧好攜帶），也建立起壓倒性的消費者偏好。

那時，我們太過於把重點只放在「去污力」上面了。一匙靈帶來的衝擊，我一輩子都忘不了。我也深切感受到，必須從消費者的觀點，綜觀包括商品的購買、帶回家、使用、包裝的廢棄、對環境的影響等環節在內的一連串循環。我們那時雖然懂得從消費者的角度看，但眼界太過狹隘了。就像是醫生在為病患問診時，只看患部或疾病本身而已，沒有把病患當成一整個人做診斷。

3 概念使用測試

1985年時，寶僑收購了理查森‧維克斯（Richardson-Vicks），我則是在1988年由負責洗潔劑轉為負責該公司的產品群。於是我開始針對維克斯喉糖、VapoRub薄荷膏、便秘藥Colac、奶瓶消毒藥米爾頓（Milton）、面皰治療藥Clearasil等產品做市場調查。那時的理查森‧維克斯與寶僑在行銷上的想法並不一樣。相對來看，理查森‧維克斯比較把行銷重點放在概念與電視廣告上，而不是產品本身；相對地，寶僑則是把重點放在產品效能上。

那時在美國販售的寶僑產品「Wondra」與維克斯的「玉蘭油」（Oil of Olay）這種乳霜，就是典型的例子。「Wondra」是非常出色的乳霜，在先前的盲測中，「Wondra」壓倒性贏過「玉蘭油」。若針對乳霜這種品類做評價，「Wondra」的觸感黏黏的，給人很有效能的感覺；相對地，「玉蘭油」則是清爽的觸感，給人好像沒什麼效能的感覺。

然而，在市場上，「玉蘭油」的銷售卻壓倒性地贏過「Wondra」。原因在於，「玉蘭油」的定位順應了當時的市場狀況，提供了合乎消費者利益的產品效能使然。市占率受到偏好的影響，而構成偏好的要素之一品牌權益，又受到品牌提供的利益與進入市場的時期所影響。要是提供的利益相同，產品效能沒什麼不同的話，那麼已經在消費者喚起集合中的品牌，會比較有利。

那時，消費者新購新進品牌的機率很低，就算真的新購，回購的機率也很低。「Wondra」在 1976 年進入市場時，早先的消費者已經決定了與護膚的重要利益有關的定位。那時，護膚產品最重要的利益在於「改善乾燥肌膚」，第二利益是「不黏膩」。

第一項利益「改善乾燥肌膚」的地位，由「凡士林潤膚露」（Vaseline Intensive Care）保有；第二項利益「不黏膩」的地位，由「玉蘭油」保有。在當時的市場中，消費者的說法是，「玉蘭油馬上就能被肌膚吸收，很清爽，不黏膩」。「玉蘭油」就提供了合於這種宣傳文字的產品效能，贏得了符合定位與產品效能的市占率。

相對地，「Wondra」則是和「凡士林潤膚露」正面對決，爭奪護膚產品最重要的利益「改善乾燥肌膚」這個市場地位。但由於提供的利益一樣，又比較晚進入市場，產品的效能沒什麼不同，所以只拿到了大約凡士林潤膚露五分之一的市占率而已。人的判斷會受到情境（或是狀況）所左右，人也會對於自己期待的事情給予好評。理查德 · 維克斯這家公司，在經手洗髮精、乳霜等美容護理產品群的過程中，學到了「產品概念」的重要性，一直以來也都反映在公司的決策上。

收購理查德・維克斯後，我們的市調部開始強調產品測試中情境的重要性，概念測試或是包括產品的使用在內的概念使用測試（C&U，Concept and Use Test），相對地變多了。寶僑的優點在於，只要很明確是對的事，就向別人學習，實際運用到公司日常做的決斷中。由於概念使用測試比較符合消費者實際做購買決策的狀況，因此會比單一產品盲測更適合於審視消費者偏好。相對地，單一產品盲測可以在產品開發的初期用於篩選產品，或是用來找出產品意想不到的問題點或是利益。

在此簡單說明一下概念測試與概念使用測試。概念測試是用於改善既有產品或選擇新產品的點子之用；概念使用測試是用於為概念與產品配對之用。二者都能用來預測營收。所謂的概念，有點像是簡單的商品廣告，上面登載了品牌名、產品的利益、包裝的照片，以及價格等等。如今，要測試一個概念，會找 500 人至 1000 人詢問意見。若要測試三個概念，就要找三倍的人。

最重要的問題是購買意願。因為，購買意願最能夠展現出消費者偏好。購買意願的提問如表 5-1 所示，除了購買意願外，也

表 5-1

概念測試的購買意願
看過本產品的概念後，您對於這樣產品想要購買的程度有多高？ 請選擇一個與您的感覺最接近的選項。（SA） ● 絕對會買 ● 應該會買 ● 可能會買，也可能不會買 ● 應該不會買 ● 絕對不會買

表 5-2

概念使用測試的主要提問	
概念的部分	使用的部分（產品使用後）
● 購買意願	● 購買意願
● 購買的原因・不買的原因	● 購買的原因・不買的原因
	● 是否符合期待
● 一年內的購買頻率	● 一年內的購買頻率
● 購買的尺寸	● 購買的尺寸
● 一次的購買數量	● 一次的購買數量
● 價值	● 價值
● 喜歡的程度	● 喜歡的程度
● 與其他產品不同的程度	● 與其他產品不同的程度

會詢問「一年內購買頻率」、「購買尺寸」、「一次的購買數量」等等。概念測試的提問，和表 5-2 概念使用測試在概念那一半所問的問題是一樣的。通常，只要在概念的購買意願處回答「絕對會買」或「應該會買」，我們就會致贈產品。等對方用過產品後，再請他對於「使用」那一塊的提問給予回答。

在概念測試、概念使用測試中，購買意願與購買頻率是表達偏好的強度的指標。

4 購買決策是情感性的

在第四章提到，做決策應該要排除情緒，要冷靜而透徹。看了森岡先生的極力主張，我想各位應該都能夠認同。不過，反過來看的話，也等於是承認，我們在做決斷時，通常都會受到情感很大的影響。事實上，消費者挑選品牌的決定，就是基於情感。絕大多數的人，都是很情緒性的生物。

某一款洗潔劑在單一產品盲測中，問了受訪者「您對於在這次測試中使用的產品，想要購買的程度有多高？」這個問題，試圖分析什麼樣的產品特性會影響消費者的購買意願。根據綜合評價的指標所做的比較發現，購買意願比較會受到對香味的評價之影響。和綜合評價比較起來，對於實際的購買決定，像香味這種反射性的情感資訊，會比較有影響。

腦科學家池谷裕二先生認為，「雖然沒有腦的動物有不少，但沒有有腦但沒有身體的動物。腦是從把身體的感覺轉換為運動的轉換器，慢慢發展而來的。事實是，苦味這樣的味覺、看到蛆或是蟑螂時的厭惡感、看到不道德行為時的心理，這三者都使用同一個大腦迴路。我們的行動幾乎都是對於感覺的反射，冠冕堂皇的理由都是事後加上去的。」基本上，人類的判斷是很情感性的，或說受到情感很大的影響。這和目前腦科學的知識相吻合，也和我們的日常體驗相符合。

「消費者的購買決定是很情感性的」，請各位注意這一點。

5 工具有其用途與界限

很多人在使用消費者的定量資料時，首先會根據自己的經驗以及直覺提出主張，然後無視於與自己主張不合的資料。而且為了彰顯自己所提主張的正當性，只取用資料中對自己有利的部分。我認為，這麼做，還比對消費者資料照單全收、改變自己所相信的事情，要來得好。像我這種研究者講出這種話，聽起來或許令人掃興，但因為消費者資料存在很多問題，就機率來說，以自己的經驗為優先，還是比較正確的。因為，消費者資料只是呈現其中一個面向而已，但親身體驗卻更能從整體的角度掌握實際狀況。不過，假如以正確的方式蒐集到的消費者資料已經反映出真實狀況，卻因為和自己想的不一樣，就在做決定時無視它，那可就危險了。應該要考慮到消費者資料的界限，針對自己的目的，以正確的方法蒐集，再和自己的主張對話，與這些資料溝通交流，推導出合乎邏輯的結論才對。

定量調查是以數字的形式蒐集必要資訊的工具，包括了多種調查方法在內。由於工具是針對不同目的而打造出來的，假如用在與原本的設定不同的用途上，就會出現問題。我們通常不會把斧頭拿來充當鋸子使用。當然，斧頭也不是不能用來把木材劈細，只是劈的地方會坑坑巴巴的，拿來當柴燒還行，但要當成蓋房子的建材，就行不通了。

假如是外觀上很清楚其用途到哪裡為止的工具，大家就會注意使用目的，而挑選適合的工具。但大家是否很清楚消費者資料的界限在哪裡，而妥善地運用它呢？這就未必。使用時的界限與問題點，是肉眼看不到的。而且，問題到突顯出來為止還需要時間，必須做系統化的分析，才能查出原因。基本的消費者調查，有其界限存在。就算調查時在提問上很用心，也未必能得到符合我們所需目的之用的正確資訊。

製作消費者資料庫，可以有效因應此一問題。要想製作消費者資料庫，就必須以完全相同的方式提出主旨相同的問題，因為資料的均一性是很重要的。

但就算在提問手法上很用心，就算在做法完全相同的測驗中問同樣的問題，有時候還是會出包。典型的例子是，概念測試中與價格有關的問題。假如在做新產品的概念測試時，和品類市占率最大的品牌相比，新產品的價格貴了三成以上，就會不時出現這樣的問題。就算在測試時購買意願的得分很高，店面的銷售狀況卻會變成沒有測試的數字那麼好。根據測試而對這個商品所做的營收預測，很多時候都會出現大幅偏誤，甚至於實際銷售成績只有預測值的三分之一左右！這是因為，消費者在接受調查時所做的判斷，與他們實際到店面時所做的判斷不同使然。

6 本質性的理解要從定性資料著手

若以較寬廣的角度來看待這個世界上的變化，會發現分為會改變的要素（現象）與不會改變的要素（本質）。消費者的需求（欲求）雖然基本上不會變，但滿足其需求的方法卻是會改變的。不同品類的商品，在各自滿足其消費者需求的過程中，自己也會慢慢變遷。

至於是怎麼個逐步變遷法呢？雖然可以用定量方式展現出來，但光是蒐集資料這件事，就要耗費成本與時間。而且，我的感受是，一些無法以定量方式呈現出來的真相或是本質，還比能夠呈現出來的部分要來得多。這種狀況下，就只能仰賴定性資訊了，這是很實際的問題。為了讓各位實際體認到這件事，我要提一下某個紀錄片節目，以及克勞泰爾・拉派爾（Clotaire Rapaille）博士的著作《*The Culture Code*》一書的故事。

我在美國看過一個由公共電視台 PBS 播映的節目「1900 House」。現在這節目在 YouTube 上也還看得到。那是一個紀錄片節目，內容是在公開徵選下中選的一個六人家庭，保羅一家，在三個月的期間內，實際過著 1900 年時（維多利亞時代）的生活。保羅一家的成員包括主人保羅、太太喬依絲，還有四個孩子：16 歲的長女、11 歲的雙胞胎女兒，以及 9 歲的男孩。

由於是重現維多利亞時代的生活，太太喬依絲在節目中是專職家庭主婦。節目把建於維多利亞時代的一般住家，重新回復到維多利亞時代的樣子，請他們過著與當時完全一樣的生活。他們穿上當時的服裝，吃著和當時一樣的餐點。料理是以燒炭的鍋子煮的。沒有什麼披薩還是漢堡，當然也沒有電視，因此餐後不是看書就是打撲克牌，再不然就是聽鋼琴演奏。當時也沒有洗衣機與洗潔劑，沒有洗髮精，連要煮個開水都很累人。

這個節目最讓我印象深刻的是，節目最後，主婦喬依絲的獨白。「維多利亞時代，完全不是在電影裡看到的那麼浪漫的時代。每天的生活都很髒，很無聊，非常辛苦！我最想要的東西是洗衣機和洗潔劑，還有洗髮精。」看完這個節目，我當時的感想是，在這 100 年間，消費者使用的產品與服務，其生產活動的本質，應該就在於「讓生活便利、舒適而快樂」吧。

克勞泰爾・拉派爾博士是社會心理學家，原本的研究主題是自閉症。如今他應用社會心理學的知識，從事行銷的顧問工作。他認為，「孩子在學習言詞和想法時，都會有情感附隨在這些言詞或想法上，全部加在一起，就會在某個文化圈裡變成帶有特定的意義。這些東西在各自的文化中成為潛意識的層級，影響到在該文化圈中成長的人們之行為。某個言詞、商品或服務帶有的，已化為潛意識的意義，稱為符碼。商品與服務本身，以及它們的廣告，只要和符碼之間具有整合性，就會更有效果。」

例如，對美國人來說，金錢的符碼是「證據」，金錢是成功的指標。這與日本人的想法有些不同。對美國人來說，食物的符碼是「燃料」。所以速食店才會那麼興盛，玉米片那樣的早餐才會大為暢銷，在超市長長的賣場裡從這一端擺到另一端。

再來一個，對美國人來說年輕的符碼是「面具」。對他們而言，年輕不是實際的年齡，也不是人生的某個階段，而是能隱藏在其背後，可以拿來包覆自己的東西。所以才會流行美容外科，才會流行健身房。各位有沒有開始覺得，拉派爾博士的說法觸及了本質？

7 未來要從定性資料著手

企業要生存，就必須正確判斷現況、近年來，以及正確判斷中長期的狀況。定量調查在改善既有商品，或是針對目前的品類開發延伸性新商品的決策上，很有幫助。不過，中長期的未來，未必能從定量調查中研究出什麼來。因為，偏好是一種情感性的判斷，會大大受到人們身處情境的左右。絕大多數的人目前都處於同樣狀況下，定量調查只能充當現況與近未來的整體指標。

我們要找的是未來的指標。所以，就要去摸索少部分已處於未來狀況下的人們所做的判斷。但哪種狀況才是未來的狀況呢？我們無法確知。所以，要預測未來，就要盡可能對於想研究的事業，廣泛地動用歷史、文化人類學、心理學、社會學的架構與模型，做定性資料的解讀，設想出幾種可能的情境。具體來說，必須先徹底看清，我們經手的品類，以及該品類隸屬於其中的框架商品群（上層商品群）的本質（消費者追求的利益）。接著再以之為基礎，運用整合性，找出該品類與上層商品群的法則性，設想具體情境。例如，啤酒品類的上層商品群是所有酒精飲料。因為，當一個品類有所變化時，包括其他近似品類在內，也都會發生重整的情形。

日下公人先生早在三十年前，就已經說出「文化會先動，產業再跟上腳步。不久日本的漫畫會往世界拓展」。當時，我只覺得「這個人到底在講什麼莫名其妙的話」。但日下先生所言，已經變成現實。「文化會先動，產業再跟上腳步」，已成為這個世界的法則。首先有個人們嚮往的文化存在，大家想要這個文化。接著，文化從高處往低處流動。就像「成功會引發成功」一樣，這個世界大致遵循著某種框架的法則在運轉。由於人類無法去想太複雜的事，為了思考，會需要架構或模型。日下先生的著作《馬上能預測未來的 62 個法則》，在思考未來時，可充當非常具參考性的架構。USJ 的行銷企劃部，現在都會在內部的教育訓練時使用這本書。

這本書的 62 個法則，其中之一是「在提供給高齡者的商品上，日本是先進國家」。美國也是，根據 2010 年的國勢普查，美國所有人口當中，65 歲以上已占 13%，幾乎算是高齡化社會了，和日本一樣，比大多數國家還早出現未來的狀況。但美國卻走的是「終生青春主義」，沒有關於「老年」的哲學，至少不存在處理老年的文化。相對地，日本則是堅決認同「老的尊嚴」或「老的完成」，連休閒活動也有很多專為銀髮族而設，正慢慢地重新流行起來。至於能否把這些項目商業化？就看我們怎麼做。

8 未來假如困難，還有過去

把眼光放向世界，首先，根據「人均國民所得毛額」（GNI per Capita）排出各國的順位。若是人均國民所得毛額相近，社會就會變成同樣的體制，同樣的商品就會暢銷。因此，日本的過去就是許多國家的未來。到這樣的國家去，找出那個國家的現況符合日本過去的哪個時期，再把當時在日本暢銷過的商品拿到該國銷售。但這時有兩件事必須注意。一是價格。對該國來說，在價格上必須設在剛剛好的未來水準。他們並不一定想要運用最尖端高度技術的高價產品。二是設計。一般來說，文化會從高的那一邊往低的那一邊流動。但設計會特別受到好惡的左右，必須細心地多加注意。在日本時的設計，未必就是他們所嚮往的。

◆ 本章內容整理：市場調查的本質與功能之摘要有三點

1）消費者的本質性需求（要活下去就會有的欲求）是不會改變的。會改變的是用於滿足該需求的品類利益的製造方法、把該利益送到個別消費者手中的方法，以及構成該品類的我們的品牌。我們經手的品類品牌，命運就取決於消費者偏好。該偏好會因為消費者所處的環境不同而改變。決定偏好強度的消費者所做的判斷，會受到狀況的左右，也有其情感性。

2）在 1) 的認知下，對於中長期的未來，必須根據定性調查，徹底釐清公司所經手的品類，以及包括該品類在內的上層商品群的本質（消費者追求的利益）。接著，再據以運用整合性，找出該品類與上層商品群的法則性。利用「品類以及包括品類在內的上層商品群的法則性之本質」以及找出來的法則性這兩項，重新調整現行策略（包括消費者偏好的強化、認知方法的改善、利益的傳遞方式在內），設想多套具體劇本。只要一出現新的重要資訊或知識，就再做修改。

3）在現況與近未來方面，概念測試、概念使用測試可用於得知相較於競爭對手，消費者目前的偏好。可根據此一偏好預測需求，做出有效率的投資判斷。針對測試的購買意願做多元迴歸分析，可以更清楚怎麼改善目前的偏好。

第六章

需求預測的理論與實際
── 偏好的採算性

不計利潤盈虧的話，要提高偏好是很簡單的。但是在實際商業情境中，必須一面改善獲利，一面提高偏好，畢竟經營資源有限。在諸多的商業驅動因子當中，應該把經營資源集中在何者之上？若要為此擬定策略，需求預測就是不可或缺的。

身為需求預測的專業工作者約 30 年，我會在本章介紹自己在世界的第一線學到的預測需求的精華手法。我的職涯大半都在美國辛辛那提的寶僑全球總公司需求預測團隊度過，因此我會先根據在那裡的經驗，一面回溯新商品計畫的需求預測史及其課題之變遷，一面談談在消費性新商品發售第一年時的需求預測理論，以及實際狀況。接著，我會談談在 USJ 導入哈利波特時，我是如何預測需求，做為決策時的重要參考。

1 需求預測的目標是，不要和實際差太多

需求預測的功能在於協助做出投資決定，以及有效運用經營資源。若要用一種不怕各位誤會的方式來表達，所謂的需求預測，原本就不會精確命中。雖然也和需求預測的種類或是狀況有關，但事前要做出那麼正確的預測，是不可能的。一旦得知「不可能預測得太精準」這個事實，那麼在預測需求的時候，專業人員必須先對什麼事情有所覺悟，就很清楚了。那就是「**差距不要太離譜就好**」。

所謂的太離譜是什麼意思呢？這意思是，要把預測與實際狀

況間的差距，控制在自己、公司透過實際努力，能夠調整回來的範圍內。尤其是第一年的預測，能夠接近現實是很重要的。對消費性商品的新產品而言，一開始三個月內的實際銷售與預測是否貼近，極為重要，比年度銷售預測的精確度還重要。

在一直以來我所看過的新產品（不包括試銷）當中，沒有任何一種是在三個月內的銷售狀況與預測相差很大，又還能存活下來的。我認為這有幾個原因，但最大的原因在於，經營團隊對這商品失去了自信，三個月過後就收回原本分配給該商品的行銷費用，轉給其他有前景的商品了。

經營團隊只要能達成全公司的營收與獲利目標就好，所以把資金移轉到其他成功機率高的選項，是很合理的。一旦撤下電視廣告、減少播放量，外界對產品的認知就停止成長了。由於在店面失去在陳列方面的奧援，經銷的店也會減少。在認知停滯、鋪貨率下滑的雙重打擊下，銷售狀況將偏離原本的預測值，急速下滑。無論對負責預測需求的人來說，或是對身為行銷者的品牌經理來說，可以說都是最糟糕的情況。

這種時候，品牌經理該做的事，或許是和獵人頭公司聯絡，找尋下一個可以活躍的天地；但負責預測需求的人該做的事只有一件，就是「把這次的失敗經驗，活用在日後」。搞清楚為什麼實際銷售狀況大幅偏離預測值，藉以應用在未來的新商品開發以及改善預測方法上，這比什麼都重要。為此，要搶在任何人之前，盡早保全相關的記錄文件或資料。一旦新產品上市不順，公司內部不想面對失敗的現實的人就會變多，要不了多久，想要蒐集記載了專案相關事實的文件，就會變得很困難。要是無法把這次的失敗經驗活用到未來改善預測方法上，可就對不起行銷人員所做的努力，以及公司投注的經營資源了。

但相反的狀況也有可能發生。要是銷售狀況比原本的預測好很多，會如何呢？由於比原本想的暢銷，鋪貨率也比原本的預期要高，到頭來變成生產趕不上銷售，形成缺貨的情形。這會造成零售店的困擾，造成業務單位很大的壓力，對我們來說也等於失去了銷售機會。不消說，這種狀況下也是一樣，像我們這種需求預測的專業人員，要努力保全相關資料與數據，才好分析實際銷售狀況遠遠好過預測值的原因。

像這種實際成績低於或高於預期的情形，其實不時都會發生。說起來，新產品的需求預測，本來就不可能百分之百精確。詳細的原因我會在後面說明，但重要的是，預測工作不是要算出一個精準數字（像是 100 億日圓），而是努力做出像「70 億到 130 億日圓之間」這種預測，有一個範圍在，又不會和實際差距太大，並針對實際成績高於或低於預期的狀況做好準備。只要實際數據沒有偏離太多，透過認知度、鋪貨率、店面促銷等方式強化或調整過後，還是有很大的可能可以從中間開始達成目標。例如，認知度與鋪貨率假如各改善一成，銷售狀況就能改善兩成（1.1×1.1＝1.21）。此外，若能改善電視廣告等促銷手法的質或量，中長期還是有可能逐步成長下去的。

理想的狀況是，**預測值比實際成績稍微低一點點，會是最棒的**。要是實際成績比預期還低，擔心出什麼狀況的公司高層等各方人士，就會提出各種你非回答不可的問題了。這種應付公司內部人士的工作，就會增加許多。

2 「計算絕對值的模型」以及「市占率模型」

有些公司是以專業的需求預測為業的。代表的企業有 BASES（現為 ACNielsen BASES）與 Novaction（IPSOS-Novaction）。BASES 採用的是絕對值的方法，Novaction 則是採相對值（市占率）的方法。所謂絕對值的方法就是，根據資料庫，把顯示出偏好的概念測試中的購買意願與購買次數資料，換算為實際的新購率、回購率、購買次數，藉以預測銷售數字的一套方法。這套方法的好處在於，很簡單就能做消費者測試。只要準備好印有產品名稱、訴求什麼、為何能提供利益、包裝的照片以及價格等等的概念資料就行了。它最吸引人之處在於，在計畫的初期階段就能測試各種新產品的點子。當然，這樣的好處並非憑空就有。必須建好資料庫，把能得到的消費者資料轉換為現實狀況；測試資料以及與之相對應的現實市場資料要相搭配。而且不是一兩件資料就夠，資料愈多，把測試與現實之間的落差補上的精確度就愈高。

與之相抗衡的 Novaction（IPSOS-Novaction）的市占率方法是基於模擬試銷（Simulated test market）的思維，必須根據真正的包裝來準備模擬店鋪、電視廣告。由於更貼近現實，預測會更正確，但問題在於，初期階段很不容易使用。當時，寶僑兩種方法都試過，但因為考量到能夠從計畫的初期階段開始一貫使用的彈性、資料的易理解度、消費者測試的費用，以及市占率的方法對於創造新品類的產品不適用等因素，最後採用了 BASES 的方法。當然，視計畫的狀況與調查的目的不同，我們有時候也會使用 Novaction。Novaction 的消費者問卷很複雜，資料直接拿來看，會看不太懂意思。要轉換為有意義的資料，還必須經過一個不對外公開的數學模型做處理，對於資料使用者來說不容易理解，會覺得很難用。

若要問我個人的偏好，以哲學來說我喜歡求算市占率的方法，但 Novaction 的做法太過複雜，在初期階段很不實用，所以後來變成我自己以市占率的思維開發出一套預測模型。這個「今西 BP-10 市占率模型」，可以一開始就直接先測定偏好，要處理消費者資料很容易。只要在調查方法上稍微用點心思，再修正認知度與鋪貨率，就能預測出極為實際的市占率。不過，前提是已經知道市場大小。針對這種方法，後面我會舉拉丁美洲的例子詳加說明。

3 預測模型既用於理解也用於預測

寶僑總公司的調查部，除了使用 BASES，也同時在 1980 年代在公司裡開發獨自的數學模型，開始在美國使用。BASES 的資料雖然訴諸直覺、很好理解，但要用來計算銷售預測時，畢竟還是要用到不對外公開的數學模型。因此，為了深入理解預測值及其背景與機制，更理解遍布全球的公司的消費者，乃至於壓低調查費用，公司因此在內部自行開發預測模型。

那時我服務於日本的市調部，負責把該模型導入到日本以及全亞洲的專案。我在模型開發者鮑伯・戴維斯（Bob Davis）那裡，接受了一個月左右關於預測的訓練。那時我尤其深受感動的是，每天在使用的消費者資料，可以和現實建立關係，與簡單的邏輯組合後，用來預測實際狀況。新產品的預測最困難之處在於，新購率的部分。鮑伯對我說：「新購率要看概念的強度（好感度）、鋪貨率、認知度以及促銷活動。概念的強度與鋪貨率的影響，對於各自的平均都是呈線性相關的對吧。認知度與促銷則可以換算成金錢，在資本主義的制度下，只要多花一點錢，就能得到更多的新購。」這是極為理所當然的邏輯。但隨著認知度的變高，灑錢的效率會變差，所以再開個平方，就能讓相較於新購率，花在該新產品上的所有行銷費用都呈線性相關。把這樣的思維呈現出來，就像下面的式子：

$$\text{新購率} = \text{某係數} \times \frac{\left(\begin{array}{c}\text{測試產品的}\\ \text{必買率\%}\end{array}\right)}{\left(\begin{array}{c}\text{以往新產品的}\\ \text{平均必買率}\end{array}\right)} \times \frac{(\text{預計的鋪貨率})}{\left(\begin{array}{c}\text{以往新產品的}\\ \text{平均鋪貨率}\end{array}\right)} \times \sqrt{\text{預計的所有行銷費用}} \qquad \text{式 (1)}$$

由於日本的新產品數沒有美國那麼多，無法像美國那樣，用資料庫就能推導出上述式子中最一開始的係數。因此，當初是利用當時的購買力平價，用美元與日幣的匯率，修正出日本用的最初係數，然後套到過去的幾種新產品上，確認是否適用。令我們驚訝的是，以日本過去一些新產品來說，都還蠻適用的，因此我們又試著把這個模型，再套用到菲律賓、印度、印尼、泰國、澳洲等其他亞洲、大洋洲國家上，但只有澳洲適用，其他全部不適用。那時在這當中，人均國民生產毛額（GNP per Capita）超過一萬美元的，只有美國、日本及澳洲這三個國家而已。我的想法是，一旦人均 GNP 超過一萬美元，社會的機制就會變得一樣，金錢的效率也會變得一樣。

例如，日本在昭和 30 年代（1955 至 1964 年間）初期，電視還很罕見，有電視的人家，附近鄰居都會集合過去看電視。我問過調查部的印度人同事後得知，當時在印度的鄉下，村民確實會到有電視的人家去看體育賽事。由於看到電視廣告的人數，比根據廣告費推估的人數還多，在印度市場，人均廣告費得到的認知度，效率會更好。就是像這樣，透過模型可以更加深入理解市場。這或許是很理所當然的事，但當時的我，對經濟的事情不是很懂，從這個經驗當中才學到，人均 GNP 是用於顯示社會發展階段的好指標。我馬上去看，我負責的產品群，在亞洲各國的人均消費量與人均 GNP 的關係。我發現像 Humming 或是 Lenor 這種衣物柔軟精的銷售資料，只要以 X 軸代表人均 GNP，以 Y 軸代表人均一年使用量，可以畫出一個幾乎呈一直線的圖。對我來說，從中得到的知識是，像柔軟精這種生活中並非不可或缺的東西，隨著所得的增加，消費量就會確實增加。這一點，主題樂園也是一樣。

進入 1990 年代後，調查部預測部門的所有人，都領到了一本安德魯・艾倫伯格（Andrew Ehrenberg）教授的著作《回購》（*Repeat Buying*），我們也開始研究要如何運用書的內容，才能對公司有幫助。剛好在那時候，美國辛辛那提的寶僑全球總公司找我過去，從事改善預測模型以及洗潔劑與肥皂部門的預測工作。總公司研究部的氛圍很獨特，商業的現實面與學者般對真理的追求，以及公司內部的政治，呈現出微妙的均衡。安德魯・艾倫伯格教授也曾應邀到總公司的市調部演講。在第一章提到的狄利克雷負二項分配，就是從這本書學到的，雖然無法直接用於預測新產品銷售，但對於理解消費者行為很有幫助。

4 預測的精確度與預測模型的精確度是兩回事

假如是找需求預測公司幫忙，就必須注意預測的精確度。一般來說，新產品預測的精確度，若為概念測試的話，有七成的新產品，實際銷售會落在預測值的前後 30% 以內，剩下的三成新產品會落在這個範圍外。若為概念使用測試（展示概念後，對於有購買意願的消費者，實際提供商品給他們使用，再調查其再次購買意願的測試），由於加上了產品評價，精確度會比只有概念的測試高，八成的新產品實際銷售會落在預測值的前後 20% 以內。不過，這些都只是預測模型的精確度，並不是預測的精確度。

若要讓實際銷售結果落在這個範圍，用於輸入模型的資料，必須和實際一樣。由於這很難做到，所以預測結果不會那麼精確。輸入時必要的行銷相關資料包括：第一年的每月鋪貨率、不同尺寸的個別鋪貨率、電視廣告在記憶中的留存率、按月別的促銷計畫等等。因此，有很多必須輸入預測模型的項目，要是輸入值之間的變異很大，就算模型本身很正確，也無法用這個模型來做預測。像這樣的模型，比較適於用來理解新產品的銷售結構，或是做情境規劃（scenario planning）之用。公司在做實際預測時，比較喜歡可以不用輸入太多資料的模型。

5 哈利波特需求預測之挑戰

新產品的需求預測，就像是**「瞎子摸象」**一樣。

USJ 賭上全公司存亡的「哈利波特魔法世界」的需求預測，我參與了其中。那次的經驗對我來說，不啻就像是瞎子摸象。2008 年我主動辭去寶僑的工作後，原本夢想著要悠然自得地過著玫瑰色生活，於是繼續留在美國辛辛那提，在大學做我最愛的數學研究，歌頌著我的人生。這樣的生活大約持續了兩年，2010 年夏天時，我聽說已離開寶僑跑到 USJ 去的森岡先生，打來了一通命運的電話。他說：「今西先生，我們要在日本蓋哈利波特，想請你幫忙做需求預測！其實我自己已經有預測出來的數字了，但因為這對公司來說是風險很大的賭注，所以希望今西先生務必運用一下您從不同思考角度出發的預測模型，用您預測的數字幫我們確認看看。」

他在美國總公司服務的那幾年裡，我們兩人總是吃著甜甜圈、喝著咖啡，忘我地一再討論著將數學與行銷整合起來的理論，及其可能性。我們是那樣的交情。他像往常一樣親切而熱情地講著，也成功地刺激了我對知識的好奇心，一回神，我已經完全被他牽扯到那件工作裡了。

在我之前於寶僑公司的長年工作裡，有過 300 多次預測需求的經驗。包括肥皂、洗潔劑、紙尿布、洗髮精等日常用品，以及市售醫藥品，地點遍及美國、亞洲、南美。所以那時我以為，「哈利波特」的預測，並不是那麼的困難。

根據我過去的經驗，首先就找個可以成為標竿的東西。「哈利波特」那時已經在美國佛州的「奧蘭多環球影城度假區」（Universal Orlando Resort）推出，約半年期間的成果，也在佛羅里達的報上發表過。雖然無法把美國的結果直接套用到日本，但我判斷，如果偏好（相對好感度）在相同等級的話，差異應該不至於太大。接著，我根據電影的票房人數，確認了哈利波特在美國與日本的偏好。由於兩國的上映部數不同，我也用了在兩國播映時最受歡迎的電影《星際大戰》做對比。那時我以為，就這樣決定大致框架後，就可以用市占率模型來做需求預測了。

首先我針對住在關西的 18 至 44 歲男女共 800 人做了消費者調查，問他們對於包括 USJ 在內的五個關西主題樂園的認知、至今的經驗，以及過去一年內的經驗，並詢問他們，在看了 USJ 加上「哈利波特」後的概念，以及其他四個主題樂園的概念後，未來如果有十次機會可以去主題樂園，他們會去哪一家？我請他們分成十次分別給我答案。我當初的計畫是，根據他們以往的經驗以及過去一年的經驗，算出現況下的市占率後，再根據他們未來十次分別想去的主題樂園，算出在假定認知度 100% 之下，「哈利波特」完工時 USJ 的市占率，得知與目前市占率之間的差距，再用實際認知率去調整差距。

但且慢！這麼做完全行不通！有兩件事讓我知道行不通。第一件事是，和美國奧蘭多的「哈利波特」吸引的到園訪客數增加率比起來，消費者訪談中得到的增加率非常的低。第二件事是，不光 USJ，一直以來大家很少去過的「歐羅巴港」（Port Europe；位於和歌山縣，以地中海為形象的主題樂園）的市占率，異常地增加。

日後我又冷靜地看了看狀況之後發現，那是理所當然的事情。以日用品來說，基本上消費者只要擁有「喚起集合」當中的品牌就滿足了，他們會在那些品牌間來來去去，好讓自己不會對任一個品牌覺得膩。他們不會積極地去嘗試在喚起集合以外的商品。不過，主題樂園也包括觀光景點的特性在內，沒去過的地方就會很想要去，所以才會得到這樣的消費者測試結果。也就是說，受測者在看到概念的板子前，搞不好根本沒有意識到歐羅巴港的存在，卻在得知它的存在後，產生了想要去看看的心理，於是就反映在測驗結果上了。這麼理所當然的事，那時我完全沒有看出來。

還有另一件事我那時沒注意到的，那就是，受訪者對距離的抗拒所造成的影響，是很難去除的。所謂「對距離的抗拒」，各位聽了可能有點陌生。請想想溫泉的例子。對每個人來說，溫泉的所在地點距離愈遠，要去就愈花時間和金錢，大家想要去那個溫泉的可能性（機率）就會降低。若以最切身的例子來看的話，假設你午餐有兩家同樣喜歡的拉麵店可以選擇。假如其中一家離你公司比較近，你一定會比較常去近的這家。前述的五個關西的主題樂園也是一樣，由於前往這些地點的距離組合，對每個人來說並不一樣，因此必須要讓他們對於距離的抗拒，反映到他們看過概念之後的市占率上才行。但要做到這件事，實在非常困難。

若為日用品，消費者基本上都是跑到最近的店面去買，所以沒必要考慮到對距離的抗拒。不過，會像對距離的抗拒一樣影響購買的因素，是鋪貨率。鋪貨率的處理很簡單，只要用整個目標對象的購買意願乘上鋪貨率就行了，不用再回去找個別調查對象。因為，購買意願與在店面找到該商品的機率，是兩個獨立的因素。找到該商品的機率，可以用以該商品品類的銷售額加權過的鋪貨率來呈現。

關於鋪貨率，我舉「碧浪」洗衣精的例子說明。假設在這個世界上，只剩下永旺、伊藤洋華堂以及羅森這三家店而已。而各店的洗衣精銷售額以及是否經銷碧浪，如表 6-1 所示。這種狀況下，根據碧浪的鋪貨店面數算出來的鋪貨率是 33%。若以品類的銷售額加權過後，鋪貨率是 70%。此一利用銷售額加權過的鋪貨率，是把經銷碧浪的店面的洗衣精整體銷售額，除以所有店面的洗衣精銷售額，算出來的。這可以呈現出買到碧浪的機率。

表 6-1

洗衣精每月總銷售額（萬日圓）	永旺	伊藤洋華堂	羅森	總計
	2100	700	200	3000
是否經銷碧浪	是	否	否	1 家店
以店面數計的鋪貨率	＝1/3			33%
以品類銷售額加權後的鋪貨率	＝2100/3000			70%

需求預測這樣的東西，一直到得知實際成績之前，都不會知道它是否正確。各種資料或消費者測試資料，都只能告訴我們可能預測的一部分而已，而且不到最後也不知道是否正確。這就和矇著眼睛摸象是一樣的。假如只是摸到肚子那裡而給了「這是犀牛」的回答，也是無可奈何的吧。假如摸到鼻子，或許會知道是象也說不定。所以，總之就是要從各種方向觀看各種資料，力求整體來說實際數字不要偏離預測太離譜。重要的是，要盡可能從多個地方觸摸象。

6 掌握大略概況很重要！

我在網路上試著查詢，奧蘭多環球影城在 2010 年 6 月 18 日開設「哈利波特」專區之後的狀況。據當地報社記者報導，開幕後的第一季，來園人數成長了 36%。於是我知道，假如所有的條件相同，這種程度的成長是有可能的。那麼，成長的上限會在哪裡？為回答這個問題，我使用了兩種方法。

其一是，我試著在東京迪士尼樂園至今的歷史當中，找一找有沒有能夠和 USJ 的哈利波特匹敵，或是規模更大、好感度更高的新事業。結果我發現，「東京迪士尼海洋」符合條件。自「海洋」落成後，第一年的來園人數，相較於落成前的五年平均值，成長了 44%。

其二是，我運用簡單的統計知識，根據 USJ 以往的來園人數變化，判斷購票者的最大增加數在 300 萬人（約成長 60%）以下。這是我把至今每年的購票者入場人數的標準差，與「假設來園人數呈常態分配，落在距離中心點三個標準差以外的機率，在 1% 以下」這樣的統計知識組合起來，所得到的結果。

表 6-2 HP 與 TDS 的相對比較

新事業	哈利波特（HP）		東京迪士尼海洋（TDS）		比較
	（A）		（B）		（A/B）
增加率	?		44%		—
母體	日本環球影城（USJ）		東京迪士尼樂園（TDL）		—
對母體的投資額 *	1700 億日圓	（100）	2200 億日圓	（100）	—
新事業投資額（試算）	450 億日圓	（26）	約 2100 億日圓	（95）	（21）
母體面積	54 萬 m^2	（100）	51 萬 m^2	（100）	—
新事業面積 **	約 6 萬 m^2**	（11）	49 萬 m^2	（96）	（12）
新事業好感度	若規模相同，A 應該會大於 B				

* 已反映通貨膨脹

** 做需求預測時所知的資訊

根據以上兩點，再和「東京迪士尼海洋」比較雙方的投資金額、面積、好感度後，我姑且做出了「最多似乎可能創下 45% 左右的增加率」這樣的結論。

針對想要預測的計畫，就要盡可能去找出狀況相似的例子，再運用邏輯、數學知識、市場暨商品品類的知識等等，去考量最大與最小的成長幅度。以哈利波特來說，最小增加率理論上是0%。但因為不打算破壞既有的乘坐物或設施，而是移走停車場在那裡興建，因此對 USJ 的顧客而言，等於完全是新追加的吸引力，來園人數不可能因為這個計畫而減少。這時由於只有有限的資訊，因此視之為暫時的結論，在掌握大略概況後，繼續往下走。只要能進行更多多層面的、獨立的試算，基本上都能把預測的精確度再提高。

7 根據電影的觀賞人數所做的預測

當初我的最優先考量是採用測定市占率的方法，但行不通。接著，就只能使用來園意願或是能夠代替它的指標，來預測絕對值了。我回歸原點，設想「有什麼可以運用的指標？」有，就是測定消費者對哈利波特世界的偏好。最簡單的方法就是，進戲院看哈利波特電影的觀眾人數。進戲院看電影的人數，以及和該電影相關的乘坐物或遊樂設施所構成的主題樂園的「來園人數成長」之間的關係，應該是可以適用在哈利波特上的。

不過，在日本能使用的資料只有三組，所以我還是先看看美國的購票觀影人數與主題樂園的來園人數增加之間的關係。在美國找得齊的資料只有如表 6-3 的 12 組。來園人數的增加，是迪士尼與環球影城各設施的導入前後一年間的差異。將本表的數字畫成圖表，就是像圖 6-1 那樣。從這張圖可以看到，電影的累計觀影人數與第一年的來園增加人數之間，約略呈線性關係。此一關係算是相對高的，正如統計指標 $R^2=0.63$ 所顯示的。當這個指標為 1.00 時就是呈一直線，0.00 的時候就代表二者完全無關。

表 6-3　美國 來園人數增加與電影觀眾人數之間的關係

編號	設施名（A）	主題樂園	電影觀眾人數（百萬人）(A)	第一年來園人數增加量（百萬人）(B)	增加率 (B/A)
1	阿拉丁神燈	迪士尼加州冒險樂園	52	0.6	1.15%
2	海底總動員	迪士尼 Epcot	56	0.5	0.89%
3	魔宮傳奇	迪士尼安那罕	236	3.8	1.61%
4	星際大戰	迪士尼米高梅影城＊	617	3.6	0.58%
5	水世界	好萊塢環球影城	20	0.1	0.49%
6	金剛	好萊塢環球影城	60	0.5	0.83%
7	神鬼傳奇	好萊塢環球影城	81	0.4	0.50%
8	回到未來	好萊塢環球影城	110	0.1	0.09%
9	侏儸紀公園	好萊塢環球影城	168	0.7	0.42%
10	大白鯊	奧蘭多環球影城度假區	188	0.7	0.37%
11	哈利波特	奧蘭多環球影城度假區	269	3.7	1.37%
12	蜘蛛人等	奧蘭多環球影城度假區	388	5.2	1.34%

＊譯注：已於 2008 年更名為「迪士尼好萊塢影城」。

也就是說，從相對角度來看與電影相關的遊樂設施，電影的累計觀眾人數愈多，第一年來園人數的增加量就愈值得期待。像哈利波特這種智慧財產（IP；Intellectual Property）的強度，也就是相對地受到消費者選擇的機率，就等於電影的累計觀眾人數

圖 6-1 美國

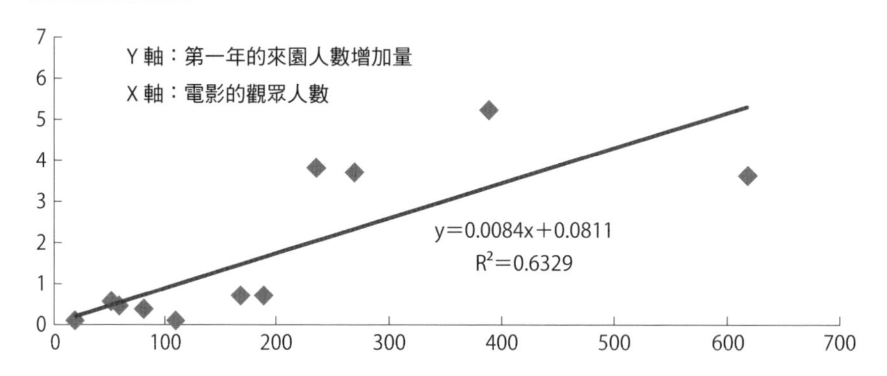

之相對比較值。將電影的累計觀眾人數除以人口數而得的數字，就相當於該 IP 的「M」（在本書第一章說明過）。

電影院相對來說到處都有，所以不必考慮到對距離的抗拒，基本上每部片子的票價也都一樣，所以可以粹純地呈現出相對的偏好（好感度）。各位或許會想到，不同智慧財產所製作的電影集數不同，這會是個問題。不過，我們都住在資本主義社會裡，無利可圖的智慧財產，沒有人會胡亂去製作其電影的續集。因為，都是由金錢的邏輯在支配著。

要說有個問題的話，就是與期間或時期相關的問題。例如「金剛」。電影的系列作品包括《金剛》（1933 年）、《金剛之子》（1933 年）、《金剛》（1976 年）、《金剛續集》（1986 年），以及《金剛》（2005 年）等五部。全體觀眾人數或許代表著金剛這個智慧財產的強度，不過，也要看是用在什麼目的上。在表 6-3 當中，金剛的觀眾人數，是《金剛》（1976 年）與《金剛續集》

（1986 年）的加總。金剛這個遊樂設施在好萊塢環球影城導入，是 1986 年的事，對象是 1986 年當時 18 至 59 歲的男女，這些人當中會有人到電影院看過 1933 年的《金剛之子》嗎？我認為沒有。

日本的狀況則如表 6-4 所示。將這張表畫成圖的話就是圖 6-2。日本也和美國一樣，二者呈線性關係。只不過，因為資料比較少，幾乎就是一直線了。

看看（A）以及（B/A）的縱向欄目，會發現隨著觀眾人數的增加，增加率也變高了。這看來是一種「成功招來成功」的模式，但在此應該注意的是，日本固然也和美國一樣呈線性關係，增加率卻是日本這邊看起來比較高。這是因為日本的主題樂園比較少，人口又集中的緣故吧。還有一點，日本的星際大戰設施帶來的增加率比蜘蛛人高，我認為原因在於東京迪士尼度假區（TDR）整體的集客人數比較多。畢竟，原本的基本規模（原本的來園人數）或多或少也會影響到增加率。亦即，星際大戰那部分的數字，對日本的 USJ 來說，應該看成是稍微被高估了。

表 6-4 日本 來園人數增加與電影觀眾人數之間的關係

編號	設施名（樂園）	電影觀眾人數（百萬人）	第一年來園人數增加量（百萬人）	從電影觀眾人數來看的增加率
		（A）	（B）	（B/A）
1	小飛俠（USJ）	5.5	0.13	2.4%
2	蜘蛛人（USJ）	17.4	0.51	2.9%
3	星際大戰（TDR）＊	41.7	1.37	3.3%

＊設施名為「星際之旅」（Star Tours）

圖 6-2 日本

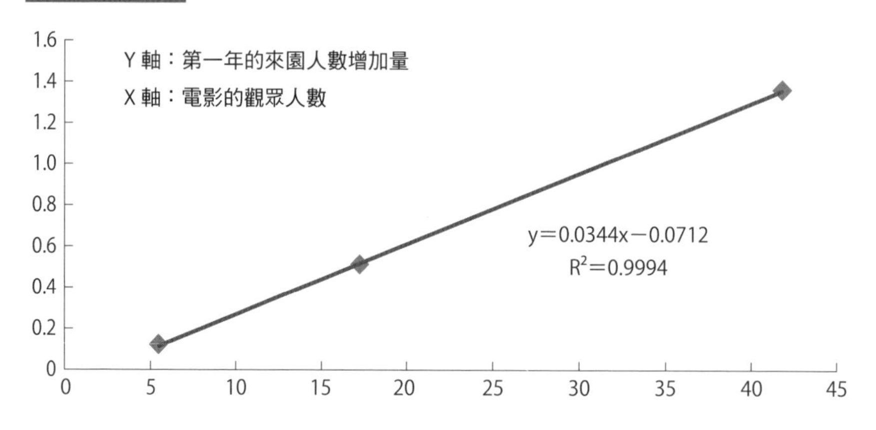

8 運用增加率所做的預測

哈利波特從第一部電影《哈利波特：神秘的魔法石》到 2011 年的《哈利波特：死神的聖物》為止的日本觀眾人數，約為 7,400 萬人。對此，增加率如表 6-5 所示，做了四種狀況下的考量（與小飛俠對比的情形、與蜘蛛人對比的情形、與星際大戰對比的情形，以及用公式計算出來的情形）。先講結論的話，電影觀眾人數所帶來的來園人數增加量，落在 180 萬至 240 萬之間，中心點在 210 萬人處。根據呈線性關係的式子算出來的最大增加數 250 萬，我沒有採用。

這有三個原因。其一，雖然從美國的資料可以得知線性關係是存在的，但哈利波特的 7,400 萬人次觀眾，大幅超過了在日本成為標竿的實際數字範圍（550 萬人至 4,200 萬人），所以 7,400 萬人的世界伴隨著未知的風險在。其二，有鑑於當時原本的集客人數與品牌力，增加率要高於東京迪士尼度假區的可能性很低。其三，中心點我希望能做保守一點的預測。我說什麼都想要避免當我把樂觀的數字交給森岡先生後，他實際用這數字，賭上公司命運，投入高達 450 億日圓決一勝負，實際上卻得到比預測值還差的結果。這是我當時的想法。

表 6-5

編號	設施	哈利波特電影觀眾人數（百萬人）	增加率	第一年來園人數增加量預測（百萬人）
		（A）	（B）	（A×B）
1	若增加率與小飛俠一樣	74.2	2.4%	1.8
2	若增加率與蜘蛛人一樣	74.2	2.9%	2.2
3	若增加率與星際大戰（星際旅行）一樣	74.2	3.3%	2.4
4	若使用圖 6-2 的式子			2.5

和森岡先生碰面，秀出彼此需求預測結果的日子到了。為了讓雙方能以不同方式推導出需求預測，我們先前都很小心，彼此不要談到自己使用的具體方法。森岡先生在碰面前不久提議一件事，他說我們彼此把自己相信能夠達到的數字寫在手心，一起喊「一、二、三！」，就秀給對方看。而我在前述的可能範圍當中，詳加思考後認為較接近現實的預測數字，是 220 萬人，不過我刻意保守一點，在手心寫上再少一點的「210 萬人」。然後我們就秀給對方看。他的手心以粗粗的字體清楚地寫著「240 萬」。我們彼此咧嘴而笑。他應該是就此確信「200 萬沒問題」吧。我感

覺得到，他的眼底散發的自信光輝，確實又變得更明亮了。

9 運用電視廣告的概念測試所做的預測

除了以電影觀眾人數預測外，我也利用了更基本的概念測試做預測。得到的結果和以電影觀眾人數預測的結果很近似。最多240萬，最少150萬，中心點200萬人。為了在開放新園區的一年前做最終確認，我利用電視廣告的概念測試做了預測。

測試包括了關西、中部（愛知、三重、岐阜三縣），以及關東這三個區域，如表6-6所示。以下我介紹部分的測試結果。

◆ 做預測時的基本假定

1）來園意願愈高，實際來園人數也會愈多。來園意願的成長率如果不高，實際來園人數的成長率會和來園意願的成長率一樣（呈線性關係）。來園意願的成長率若高，就有調整的必要。

2）認知度與時間的面積，和來園一事呈線性關係（第一年的哈利波特認知度為90%、時間為97%）。以面積來考量認知度與認知度達成的速度，按機率反映在預測上。縱軸為認知度，橫軸為時間（一年期間），把全部面積看成是1.00來思考。例如，哈利波特的認知度在開幕日當天為100%，一年內若一直維持，那就是100%（認知度）×100%（時間）=1.00。若第一天的認知度為0%，直線成長到最後一天變成100%的話，平均下來，人們在一年內只有50%的時間來園，這樣子會變成100%（認知度)×50%(時間)＝0.5。在認知度 90%、時間 97% 的狀況下，就是 90%×97%＝87%。根據這個假定，實際基於來園意願而到訪的，會是可能人數的 87%。

表 6-6

實施對象	18-44 歲的男女					
調查地區	關西		中部		關東	
18-44 歲的人口（萬人）	710		394		1567	
	實驗組	對照組	實驗組	對照組	實驗組	對照組
範圍	既有設施＋哈利波特	既有設施	既有設施＋哈利波特	既有設施	既有設施＋哈利波特	既有設施
票價（大人）	6600日圓	6600日圓	6600日圓	6600日圓	6600日圓	6600日圓
人數	809	801	844	841	843	848
來園意願（加權）	%	%	%	%	%	%
絕對會去（0.76）	14	8	10	4	7	2
應該會去（0.26）	26	17	17	10	15	7
加權來園意願	17	10	12	6	9	4
比值	(172)	(100)	(211)	(100)	(247)	(100)

3）來園者的年齡結構是固定的。換一種說法就是，未調查的年齡層的來園人數成長率，和接受調查的年齡層是一樣的。

4）未實施調查的地區的成長率，和實施了調查的三個地區其中一個的成長率是一樣的。至於要採用哪個區域的成長率，就根據品牌發展指數 BDI（Brand Development Index）。所謂的 BDI，以 USJ 而言，首先要計算全國每千名人口中，在一年內有多少人從國內來園。接著要計算地區別的人口當中，每千名人口一年內有多少人自該地區來園。假設全國每千名人口的來園人數是 100 好了，各地區相對應的數字就是該地區的 BDI。所以，未實施調查的地區就看其 BDI 比較接近於哪一個有實施調查的地區。BDI 最接近的有實施調查的地區的成長率，就拿來當成該地區的成長率。例如，九州地方、東北地方的 BDI，由於和實施調查的關東的 BDI 最接近，就以關東的成長率當成該地區的成長率。

我們在實際做預測的計算時，最必須注意的是，要從現實的角度來看，用於預測的假說與最後得到的預測值，是否合理。雖然也有人只把重點放在個別假說是否合理上，但我認為這是「極其危險」的。必須檢查所有假說的整合性以及合理性。雖然各假說的論點正確，最後做出來的結論卻怪怪的 — 各位沒有碰過這樣的經驗嗎？假如覺得怪怪的，通常是以下兩個原因當中的至少一個所造成的。

其一是，各假說的論點之間欠缺整合性。其二是，結論本身與你至今有過的經驗並不吻合。預測結果也是一樣。

第一點的個別假說間彼此的整合性，相對來說是比較好判斷的。但第二點要針對所有假說檢驗其合理性，就很困難了。所謂所有假說的合理性，指的就是預測值本身的合理性，所以必須找一個，已經得知過去的實際成果和預測出來的數字近似的事業計畫，充當比較的「標竿」。要和各種背景相異的標竿相比較，去思考究竟得到的預測值是否合理。

和其他已經有實際成果的事業比較之下，預測出來的數字於理必須要說得通才行。在自由經濟的市場中，基本上經濟邏輯應該會發揮作用。這個世界就是因為有合理性才存在的。至少目前我是這麼相信。比如說，就好像警察在偵訊嫌犯，要找出他說詞的矛盾之處一樣。要是嫌犯說謊，一定會在某處出現矛盾；要是他說真話，那麼整個案情的走向就會說得通。要是預測值與來自標竿的數字之間說不通，就要重新檢視假說。到頭來，我們必須不斷地嘗試錯誤，一直到對我們來說，假說、對於假說的預測值，以及標竿的實際成果這三樣東西，能夠合乎邏輯，在情感上又能夠接受為止。

這些假說最有問題的是第一點。像哈利波特的需求預測那樣，實驗組相對於對照組的比值成長成這樣，那就不是呈線性關係了。若把自己公司當成對照組，來園意願的成長，就會變成由至今沒有來過的人，或是來的機率很低的人所構成。成長率愈是高，會變成是由更多來園機率更低的人所構成。機率低的人的來園意願要調整的幅度會變大。從視覺上來理解，請看圖 6-3，這是某項調查中，來園意願的成長率與實際成長率的關係圖。這裡說的調整率，會因品類或品牌的不同而不同。所以，當公司的產品需要用到調整率時，就要花兩三年的時間進行消費者調查，把相對應的實際數字，做成像圖 6-3 那樣。

使用了電視廣告的概念測試資料、這些假說、對於來園意願成長的調整率、一直以來的預測、與標竿間的合理性……把這些全部列入考量後，最後我在來園人數的增加量預測中，做出了中

圖 6-3 對於成長率的調整率

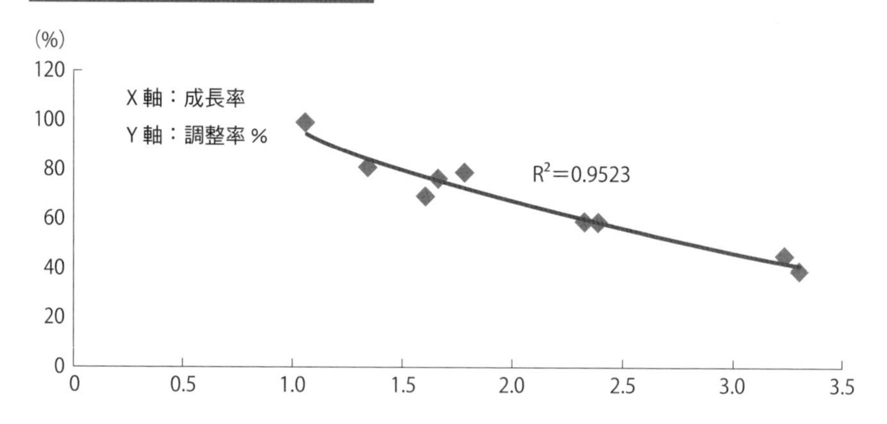

央值為 200 萬人的結論，也據此向媒體發表，我們要以衝高 200 萬來園人數為目標。結果，後來的實際成果是 220 萬人，不但接近預測值，而且還預測得保守了點，讓我放下了心中的大石。這和我秀給森岡先生看的 210 萬也很接近，所以是我個人感到很滿意的結果。

10 利用概念測試來預測絕對值時的注意事項

我要提一下在預測的實務中，很重要的兩件事。在預測時，一般都會根據「與實際狀況相對應的（有實際成果的）概念測試資料」，以及「與未來相關的概念測試資料」，來做預測與推定。我們把「與實際狀況相對應的（有實際成果的）概念測試資料」當成對照組，把「與未來相關的概念測試資料」當成實驗組。

1）在根據對照組資料做實驗組的預測時，看你判斷會對要預測的事項造成最大影響的條件是什麼，就應該找一個與之最接近的東西當成對照組。選什麼當對照組，會對預測的精確度有很大影響。在預測時，最大的不確定因素是，單位人口的滲透率，以及人均購買或造訪次數。像主題樂園這種集客設施，對這兩方面會造成最大影響的，第一是集客設施的類型（主題樂園、動物園、購物中心），其次是前往設施所花費的時間距離別的人口分布狀況，再接著是價格。在第一章曾提到過，假如屬於同一品類，沒有競爭，價格又沒有太大差異的話，消費者偏好就會是近似的。以結果來說，只要調整認知度與對距離的抗拒，每位來園者的造訪率以及造訪次數，就不會有太大差異。不過，滲透率高的品牌，其設施的造訪次數會有略多的傾向。

2）實驗組與對照組的來園意願、購買意願若無太大差異，基本上做線性的預測，不會有太大問題。不過，愈往後面，視實驗組與對照組間的關係而定，也未必會一直呈現直線，有可能會變成曲線。像哈利波特（HP）的預測那樣，把對照組設為現在的 USJ，把實驗組設為興建 HP 之後的 USJ 的話，成長率的調整率會變成像圖 6-3 那樣，以結果來說變成了曲線。

11 預測市占率的一般手法（測量直接偏好）

這套方法，無論在任何地區，都可以用來預測第一年的市占率，而且很符合實際。為什麼我推薦這套方法呢？

表 6-7　家庭用品〔雜貨〕(Household Products) 的各國概念測試資料

對於概念的反應											
購買意願	法國	義大利	西班牙	美國	德國	中國	英國	台灣	日本	平均	標準差
一定會買	48%	45%	44%	22%	18%	12%	10%	5%	4%	23%	—
應該會買	35%	43%	45%	30%	47%	47%	60%	44%	31%	42%	—
總計	83%	88%	89%	52%	65%	59%	70%	49%	35%	66%	19%

產品使用後的反應											
購買意願	法國	義大利	西班牙	美國	德國	中國	英國	台灣	日本	平均	標準差
一定會買	65%	48%	55%	45%	48%	21%	38%	29%	15%	40%	—
應該會買	26%	39%	36%	40%	30%	56%	39%	52%	60%	42%	—
總計	91%	87%	91%	85%	78%	77%	77%	81%	75%	82%	6%

新產品銷售預測模型，由 Lynn Ying-Shiang Lin（林英祥）提出

表 6-7 是家庭用品依照國別的概念測試資料。上方是只針對概念（想法）做的購買意願調查，下面是在概念測試後，請調查對象使用過產品，再調查一次其購買意願的資料。明明同樣是家庭用品，不同國家之間的差異還蠻大的。這意味著，根據消費者資料測量實際偏好數值的數學式，必須視國家的不同而個別設計。尤其是拉丁民族國家，因為國民性格很樂觀，回答「一定會買」與「應該會買」的比例近九成，這可能會造成業者在選擇概念與產品時的障礙。

有一次，我們在市面上推出兩項商品，姑且稱之為 A 和 B 好了。A 商品和 B 商品比起來，概念測試的結果比較好，但實際在市場上銷售的結果卻是相反。在同一商品品類中，A 和 B 有同樣的認知度，也有同樣的鋪貨率，但 B 商品在新購率方面卻壓倒性地高，也創下很高的銷售。相較之下，A 商品的實際數字只

有預測值的一半不到。究竟是怎麼回事？拉丁美洲的高層，跑來質問辛辛那提的需求預測本部。我趕緊和拉丁美洲的行銷頭頭碰面。她雖然一肚子火，但因為她的批判講得並沒有錯，我也無法反駁她。

原因之一是，A 商品和該商品品類的平均價格比起來，價格貴了不少使然。原因之二是，像表 6-7 所顯示的那樣，拉丁民族的人，在文化上回答「一定會買」的比率很高，原本就很難預測絕對值。這樣的狀況，非得緊急改善不可。我查了關於預測的論文和書籍等等，找看看有沒有相對簡單的方法，可以不太需要資料庫的。過程中，我找到了由艾力克・馬德爾（Eric Marder）所寫的《選擇的法則》（*The Laws of Choice*）一書，配合我一直以來的想法，我設想出名為 BP-10（Brands Purchase in next 10 category purchases；在未來十次的品類購買當中，購買我們品牌）的預測手法。我和我的同事阿雷韓卓・瓦雷羅（Alejandra Valero）討論過後，決定了能夠因應南美實際狀況的調查方法。

◆ 消費者測試的方法（BP-10：Brands Purchase in next 10 category purchases）

從待測試商品的品類當中，挑選最暢銷的五到六個品牌，再加上想要測試的本商品，準備最多七個簡單的概念。為每個概念都加上簡單的商品說明、包裝照片、尺寸別價格（針對主要的兩種尺寸）。若為拉丁美洲，調查員都是挨家挨戶訪問調查的，沒辦法做太複雜的事。所以就把所有概念秀給對方看，並且提問。最理想的是，把已經在對方喚起集合中的品牌的概念，與要測試的概念，先給他們看之後再提問，但這太複雜了，無法實行。若能做到那樣，基本上就等於是重現各個消費者在店面選擇品牌的情況，所以會更正確。

順帶一提，在一些能夠進行具代表性的網路調查的國家，這種理想的方法是可能做到的。拉丁美洲的方法是最單純的，所以是任何 地都適用的預設方法。要是測試的產品在同一商品品類中，和最暢銷的商品比起來，價格比較高的話，在測試中就以相同的價格顯示就好。實際上的價差，就在測試後再藉由計算來調整。此外，此一測試，因為是以人為的方式弄成認知率和鋪貨率百分之百的情境，因此也必須在最後做調整。調整的方法我後面會說明。

現在來補足具體的調查方法吧。在提出表6-8的基本問題後，秀出概念，問對方「未來十次在購買該品類的品牌時，您會買哪些品牌？」並請對方把十張點點貼紙分別貼在擬購買的品牌上。這是最重要的提問。

現在要來預測市占率了。有在測試品牌上貼了點點貼紙的人，請他看過實際尺寸與價格後，問他會買哪個尺寸。概念中只有兩種尺寸，是為了避免因給予太多資訊而造成對方的混亂。畢竟，概念的尺寸資訊，是用來在相對的品牌間判斷價格與價值之用的。假如必須問對方要買哪個尺寸，就在他貼完十張點點貼紙之後再追加詢問。這項資訊會有助於預測實際的平均尺寸。若是想把產品使用測試結合到這項調查中，就在要測試的產品之外，再從該消費者的喚起集合中挑選排名最高的那種產品，加起來兩項產品，交給對方使用，但是要確保他不知道哪個是哪個。日後只要再請他拿十張點點貼紙貼看看，哪一款產品他預計會買多少，就能得知相對的選擇機率了。

表 6-8

基本問題
● 品牌認知 ● 至今的購買經驗 ● 曾購買兩次以上的品牌 ● 今後覺得想買的品牌

好了，資料到手了。現在來確認一下，要如何用它來實際預測需求。在利用 BP-10 預測需求時，會採用「單位占比」（Unit Share）的計算方式。假設新商品的測試結果如表 6-9 所示，我們就用這個例子來說明。

表 6-9

市場規模（單位銷售量）	4 億個
商品品類	洗衣精
實際售價：相較於最暢銷的產品	貴 20%
測試價格：相較於最暢銷的產品	相同
結果	
概念市占率	16%
以鋪貨率針對消費者的尺寸偏好做調整後的平均價格	400 日圓

一年期間平均的單位占比（t：自發售起的第幾個月）

＝概念市占率

$$\times \frac{(\sum_{t=1}^{12} \text{認知度}_t \times \text{鋪貨率}_t \times \text{可能購買月數}_t)}{12} \times Price\ Adj. \quad \text{式(2)}$$

單位占比，是不考慮售價、尺寸的不同，把一個包裝就當成一件商品，計算銷售數量的市占率。若消費者一次的購買只買一單位（個），單位占比就會和消費者的選擇次數的市占率一樣。在上面的式子裡，之所以沒有把一次的購買數量的相對比率放進去，是因為幾乎所有品牌都會做配合市占率的促銷活動，基本上一次的購買數量的相對比率，差不多會是 1（也就是不管什麼品牌，每次的購買數量都一樣）。

要測試的概念的市占率，就是在所有的點點貼紙當中，測試商品所得到的點點數。假設針對 500 人做測試，其中有 200 人平均貼了 4 張點點貼紙在測試概念的產品上。這時，測試概念的市

表 6-10

	第一年的各月（t）	1	2	3	4	5	6	7	8	9	10	11	12	總計
A	概念市占率	16%	16%	16%	16%	16%	16%	16%	16%	16%	16%	16%	16%	
B	認知度	15%	30%	40%	50%	52%	54%	55%	56%	57%	58%	59%	60%	
C	鋪貨率	20%	40%	50%	60%	62%	64%	65%	66%	67%	68%	69%	70%	
D	認知度×鋪貨率	3%	12%	20%	30%	32%	35%	36%	37%	38%	39%	41%	42%	
E	增加 %	3%	9%	8%	10%	2%	2%	1%	1%	1%	1%	1%	1%	42%
F	可能購買月數	11.5	10.5	9.5	8.5	7.5	6.5	5.5	4.5	3.5	2.5	1.5	0.5	
G	A×E×F	6%	15%	12%	14%	3%	2%	1%	1%	1%	1%	0%	0%	55%
月平均單位占比		4.6%												

占率為（4×200）/（10×500）＝ 800/5000 ＝ 16%

這 16% 就是受測的概念的市占率，但還不能直接拿來用，因為，在測試的環境下認知度與鋪貨率都是強制設為 100% 的，必須再設想實際可能實現的認知度與鋪貨率，再做修正才行。在此假設對認知度與鋪貨率的設想值如表 6-10 所示。第一個月因為認知到該商品，而可能購買的人，雖然占整體的 3%（認知度 15%×鋪貨率 20%），但因為認知度在月初為 0%，月底為 15%，所以一開始的兩星期，就當成實質上消費者買不到該商品。

也就是說，全年下來可能買到該商品的月數為 11.5 個月。現在試著計算看看，第一個月在認知到該商品後，可能購買的人，在 12 個月裡帶來的單位占比。16%（概念的市占率）×3%（第一個月的認知度×鋪貨率）×11.5（可能購買的月數）＝6%。同樣的，第二個月就是 16%×9%（認知度×鋪貨率；第二個月的 12% －第一個月的 3%＝9%）×10.5（可能的購買月數）＝15%。像這樣把各月的市占率增加量都加起來，總計是 55%，一年的每月平均單位占比就是 4.6%＝55%÷（100%×12 個月）。

最後，也必須把價格的影響考慮進去。由於洗衣精的價格彈性為 -1.5，假如這款商品比人家貴兩成，其單位占比將會減少 30%（-1.5×20%）。因此，價格調整後的單位占比會變成 4.6%×0.7＝3.2%。

由於一年間的洗衣精的單位銷售量市場規模約為四億個，該產品的平均購買單價是 400 日圓，因此在這個市場裡的銷售額就是 51 億日圓。

銷售額＝ 4 億個 ×3.2%×400 日圓＝ 51 億日圓

從表 6-10 不只能夠得知認知度與鋪貨率的最終水準，還可看到兩者攀升的速度快慢（增加的模式）對於第一年銷售額的影響之大。認知度和鋪貨率，能夠盡量快一點到達最高點，當然是最好的。此外，關於產品性能，在這裡的單位占比的計算式子裡，是假定「測試產品具有該商品品類的平均性能」。

要是實際的產品品質低於平均，那就會有這樣的風險：受測概念的市占率會比設想的 16% 要來得低，年度的單位占比也可能下滑。

最後以這款新商品第二年的情形，來說明一下偏好、M 以及 BP-10（概念市占率）之關係。為使狀況單純化，假設第二年的認知度（60%）與鋪貨率（70%）都是固定的。這樣的話，可能購買的人，就都有一整年的時間可以買了。第二章說明過的 M 會變成像下面這樣：

$$M = \frac{\text{市場總銷售量} \times \text{偏好} \times \text{認知度} \times \text{鋪貨率}}{\text{目標人口}} \qquad \text{式(3)}$$

$$\text{偏好} = \text{概念市占率 BP-10} \times \text{加值價格調整率} \qquad \text{式(4)}$$

$$M = \frac{4\text{億個} \times 16\% \times 0.7 \times 60\% \times 70\%}{\text{目標人口}}$$

第七章

消費者資料的危險性

在第一章曾經提到，市場結構的本質，就是消費者對個別品牌的偏好（相對好感度）。要想長期讓公司品牌的銷售額增加以及維持，就必須詳加了解，消費者為什麼會形成那樣的偏好，以及如何才能改善偏好。此外，在擬定實際的行銷計畫時，也必須把市場規模、認知度、鋪貨率等市場資料，與透過向消費者提問而得到的消費者資料搭配起來，觀察消費者與市場。解讀消費者資料，是行銷工作中的必要之事。

對於消費者資料，基本上有三點應該注意。其一是「是否具有代表性」。在調查時，當然無法問到所有消費者，所以只能問到一部分的人。而成為調查樣本的人，是否能代表消費者全體？其二是，就算具有代表性，因為不是全體，或多或少一定會出現「統計誤差」。其三是消費者資料特有的問題，「同樣的問題，會因為提問的方式或狀況的不同等因素，導致問到的數值不同（這叫做偏誤）」。

本章會特別針對第三個問題，介紹在現況下以及在近未來，要解讀定量消費者資料時的基本思維，以及要注意之處。

1 消費者資料要經常對照現實狀況做解讀

資料可以粗略分為定性資料，以及數字本身就帶有意義的定量資料。本章提到的資料，若未特別告知，請都看成是定量資料。我們要運用各種消費者資料診斷現實狀況。屆時最重要的是，事前要先知道，「現實」與「認知」之間一定會出現落差。

在我們的腦中，「認知的世界」與「現實的世界」之間，必然會出現落差或誤差。想要了解「現實的世界」，就必須先把現實，翻譯為抽樣出來的資料或言語等「符號的世界」。因為我們無法直接觀察或觸碰全部的現實。透過「符號的世界」，我們才得以在腦海中構成「認知的世界」。

反方向也是一樣，當我們把腦中想著的「認知的世界」，先翻譯為言語等「符號的世界」，再化為「現實的世界」時，每次的翻譯也都會產生落差或誤差。我這一代的人，會把自己的思念寫在情書上傳達，但心中所想的，只有一小部分能夠化做言語，令人好著急。這樣說明，應該可以理解吧？我想各位行銷人員也應該有過類似的感受。明明在腦海中想到了一個很棒的概念，但實際試著寫出來後，就是沒有原本想的那麼棒 — 這樣的感受，各位應該也曾有過。存在於我們腦中的「認知的世界」，只有一部分能夠進到「符號的世界」而已。

不過，我們也只能在「認知」與「現實」之間，透過資料或數字或言語等「符號」的媒介，盡可能正確地去了解現實的世界，此外別無他法。為此，除了知道其間必然會出現落差外，我認為只有兩種處理方式：1）詳加理解各種「資料」（符號）的特性，盡可能一面讓它符合現實，一面解讀下去。2）盡可能運用多層面的「資料」（符號），形塑出具整合性的對於現實的認知。

好了，現在來試著想想「現實」與「符號」間的關係吧。「現實」與「資料等等符號」之間，有些具有一對一的關係，有些沒有。像是銷售額、存款餘額、庫存等資料，都是和現實能夠一對一對應的資料。例如，資料上的零件庫存若有 800 個，只要沒有什麼特殊錯誤的話，倉庫裡就會有 800 個零件在。這是資料與現實的一對一關係。但消費者資料的話，多半就「並非一對一」，這種時候如果一對一、十對十直接沿用，事情可就嚴重了。必須和現實相對照，做一些必要的修正，看是加一還是減一之類的。以下就先介紹「一對一的對應」之典型例子，再來理解「並非一對一」的關係。

例如，表 7-1 的消費者資料「95% 的家庭每週洗衣 10.5 次」，可以說和現實幾乎是呈一對一的關係。像表 7-1 那樣，計算出來的一年的消費者使用量為 55.0 萬噸。相對地，由洗衣清潔劑的生產者組成的「日本肥皂清潔劑工業協會」所提供的生產出貨量，則為 58.6 萬噸。生產者的出貨報告，可以看成是事實。出貨量當中也包括出口在內，假如再把流通庫存與生產量的增減考慮在內，「95% 的家庭每週洗衣 10.5 次」這個描述，可以看成和現實幾乎是一對一的對應關係。雖然只是根據我的經驗，但洗衣次數這種和習慣相關的消費者資料，和現實差不多都是一對一對應的。

接著看看「現實」與「資料」未能一對一對應的例子。與習慣有關的消費者資料固然可以一對一對應，但經常用於預測銷售、呈現消費者偏好的**「購買意願」與「購買次數」可就難搞了，**

表 7-1

1988年的洗衣精使用量		
A	日本的家庭數	37,812 千戶
B	一週內會洗衣的家庭比例	95%
C	總洗衣次數（包含新舊洗衣精混用）	16.5 次
D	次數／週（只算新的洗衣精）	10.5 次
E	週數／年	52 週
F	每次使用量（消費者調查）	28 克
G	計算值 (A×B×D×E×F)/1000/1000	55.0 萬噸
H	實際（日本肥皂清潔劑工業協會）	58.6 萬噸
I	G/H	94%

屬於「並非一對一對應」的那一類。一定要多加注意的是購買次數。不屬一對一的關係，就表示假如直接拿去用，會發生極其離譜的後果。大約 20 年前對於洗衣精所做的概念調查得到的結果，就是典型的例子，如表 7-2 所示。在購買意願的回答中（為了因應現實狀況而做的加權）的百分比，是用於修正消費者資料的加權，因為當時是在認知度 100%、鋪貨率 100% 的前提下，用它來預測一年內的實際購買率。這些加權值是像下面這樣使用的：

一年內購買率

＝ *10%*（絕對會買）×*100%* ＋ *45%*（應該會買）×*50%* ＝*32%*

這裡的加權值，是把過去的調查資料與現實數值配對之後得到的。現在來算算看這個商品的約略銷售額吧。假設認知度

60%、鋪貨率 70%，購買意願以外的資料都直接照用好了，算出來會像下面的算式那樣，銷售額是 260 億日圓。

銷售額＝家庭數×（*）一年購買率×認知度×鋪貨率×
　　　　購買次數×購買單價×購買數量
（*）一年購買率：認知度 100%、鋪貨率 100% 的狀況下
銷售額＝ *4,400*（萬）×*32%*×*60%*×*70%*×*10.0*×*400* 日圓 ×*1.1*
　　＝ *260* 億日圓

這個數字是現實數字的大約四倍。會出現這麼離譜的結果，主因在於「購買次數」。因為某種因素，消費者在回答「您一年內大概會購買幾次這個概念的洗衣精？」這個問題時，所回答的購買次數是一年內對於「所有洗衣精」的購買次數。我想現在應該也還是這樣，人們對於洗衣精的喚起集合，平均會有三到四個品牌在其中。所以應該使用受訪者的答案「10 次」的 1/4，才符合現實狀況。

實際銷售額＝ *4,400*（萬）×*32%*×*60%*×*70%*×*2.5*×*400* 日圓
　　　　×*1.1* ＝ *65* 億日圓

想要做更為正確的預測，就必須找一年購買率和消費者樣本相近的產品比對，考慮購買次數、購買數量以及回購率的現實性，再做計算。

表 7-2

概念產品的調查資料	
1998年的家庭數（萬戶）	約 4,400
對洗潔劑的購買意願（因應現實狀況做加權）	
絕對會買（100%）	10%
應該會買（50%）	45%
可能會買，也可能不會買（5%）	40%
應該不會買（0%）	5%
絕對不會買（0%）	0%
總計	100%
預測購買率	32%
平均購買次數	10.0
平均購買單價（店頭價格，只銷售一種尺寸）	400 圓
平均購買數量	1.10

2 消費者資料的比率、好惡的順序相對較正確

像「今後的購買次數」這種和未來相關的絕對值資料，就會像這樣，可信度令人存疑。不過，請受訪者排列喜歡的順序，或是從幾個選項當中選出來的資料，相對上就會和現實中的比率比較接近。在和未來有關的問題上，消費者資料的絕對值固然不盡可信，但相對順位這樣的資料，相較之下就比較正確。以我們切身的例子來說的話，選舉前在報上刊登的、各政黨選上的席次數預測，就會頗為正確。這是因為，調查的偏誤或影響，同時降臨

到了所有選項上所致。如果你覺得在你的例子中並非同時降臨到所有選項上，那就必須設法讓測試的影響因素，變成對所有的選項來說都一樣。

例如，第六章介紹過的拉丁美洲的概念測試，在實施時，一般都會使用認知度極高的品牌（90% 以上）。若你挑選的某個品牌，實際認知度只有 30% 而已，測試的影響，就會變成唯獨對這個品牌帶來莫大的作用。因為，參與測試的消費者，可以看得到市面上五種品牌的概念，以及要接受測試的概念，由於在測試的環境下所有品牌都變成認知度 100%，因此這個認知度低的品牌的測試結果，會與現實狀況有非常大的落差。

像這種時候，就要在既有的五個品牌當中，只給每個人看他們原本就知道的概念，以及要測試的概念就好。意思就是說，假如某個人只知道五個品牌中的兩個，再加上要測試的概念，總共只給他看三種概念就好。雖然測試概念在測試時的認知度是 100%，但由於可以事後再根據現實狀況做調整，所以不會有影響。若為新產品，基本上認知度是 0%，這時就從認知度 100% 的狀態，配合對於實際認知度的預測，來做調整。

不過，雖然說在看相對關係時，相較之下會比較正確，但還是偶爾會不正確，或是在解釋時會出現問題。以下介紹三種典型例子。

第一種是「是否受到售價影響」。在測試環境中對於價格的意識，以及在實際店頭對價格的意識之間，如果差距太大，就會發生問題。這時候，測試時消費者回答的品牌間偏好順位，與實際上的購買行為，會變得不一致。關於價格造成的影響，在後面的「有毒的消費者資料是無味無臭的」一節，我會再詳加探討。

第二種是「是否所有選項都在同等條件下接受比較」。例如，「在蘋果、香蕉、橘子當中，你喜歡哪一個？」固然問得好，但「在蘋果、香蕉、日本夏橙當中，你喜歡哪一個？」就問得不好了。唯有「日本夏橙」這個詞和其他二者比起來，表示的範圍太小了。

第三種是「是否存在分散票源的現象」，也就是有類似的選項的情形。要是問受訪者「在關東煮的食材當中，蒟蒻、竹輪、蛋、魚板這幾種，你喜歡哪一種？」，喜歡魚漿產品的人，所投的票就會分散到「竹輪」和「魚板」去了。要是因為票源分散而推導出不同結論的話，完成調查後，在解釋調查結果時就會變得不精確，因此必須多加留意，避免這種情形發生。

3 消費者資料在運用時要考量「使用目的」與「調查狀況」

調查時的情境或狀況，會影響到受訪者的答案。因為，受訪者在回答問題時，固然會做出某種判斷，但人的判斷經常會受到狀況所影響。例如，當你在公司開會時，一手拿著咖啡杯，但穿著海灘褲出席，會怎麼樣呢？你的同事一定會覺得「你的腦子是不是怎麼了」吧？但請想像一下，利用員工旅行前往南方國家的機會，公司在白色的海灘上，於露台處舉辦業務會議的景象。海水很藍，微風吹拂，同事們都身著夏威夷襯衫。這時，如果你一手拿著咖啡杯，穿著海灘褲現身……就算不是最得體的穿著，至少也還過得去。反之，如果在這時你西裝筆挺現身的話，反而就不得體了吧？就像這樣，判斷會隨著情境的不同而改變。

同樣的事也會發生在消費者資料上。例如，假設在夏天的時候做「關東煮拼盤」的概念測試好了，得到的結果，一定和在冬天時做不一樣。在進行測試的夏天這個情境當中，「關東煮」其實不太吸引人。要是這項測試的目的是在預測「夏季關東煮銷量」的話，固然可以說「反倒是正確的情境」，但如果是想知道「關東煮的旺季，冬天時的需求」的話，這項測試，就絕對不能在夏天這種情境下做。

再舉個更基本的例子，請讀看看下面的問題。

L) 請問你看過或聽過碧浪這種洗衣精嗎？

M) 請問你有或是沒有看過或聽過碧浪這種洗衣精？

這兩種問法所得到的碧浪認知度資料，會略有不同。M 的問法下，偏誤會比較小，可以得到比較貼近現實的答案。也就是和 M 比起來，L 的問法會得到略高的數值。這是因為，一般人都會有「想要讓提問者開心」的傾向使然。

像這樣，調查中的偏誤即使程度有別，任何一項調查，都不可能完全排除掉偏誤。我們能做的（該做的）可以說只有兩件事。一是在調查時要謹記著，盡可能避免不必要的偏誤。但更重要的是，在已經得知「任何調查都會有調查的情境所造成的偏誤」下，謹記著要先了解資料的使用目的，以及調查的情境，再使用資料。要是無視於調查的情境，只看調查所得到的數字，就會冒著「不分時間、地點與場合，都穿著海灘褲在別人面前現身」的同等風險。

4 有毒的消費者資料是無味無臭的

消費者資料由於有一些難搞的地方存在，很不好處理。在2011年8月1日號的《總裁》（*President*）雜誌上，就刊登了一篇耐人尋味的，關於消費者測試的報導。這篇報導的標題是〈為何消費者回答『會買』，實際上卻不買呢？只是因為他們在講場面話嗎？！消費者問卷調查中的謊言〉。報導當中，舉了花王、味之素等日本數一數二長於行銷的公司之消費者資料，和市場上的銷售結果之間相比較，列出二者間的落差（如表7-3所示）。

在我從事消費者調查近30年的期間裡，碰過多次相同的經驗。大多數狀況都是，實際銷售結果沒有調查結果那麼好。我認為，之所以會出現這樣的落差，主要是因為，回答問卷時的狀況（消費者得到的資訊，以及消費者自己的心理），與他們在店頭實際做決定時的狀況不同所致。消費者並非刻意撒謊。實施調查

表 7-3

	調查的結果		實際銷售的結果	
Healthya 綠茶	×	有很多像是「苦苦的我不敢喝」之類的負面評價	○	大熱賣，甚至於成長到形成新品類的地步
一匙靈 Neo	○	有許多讚許之聲，預估可拿下兩成市占率	×	只拿到個位數的市占率
GABAN 調味醬	○	以「豪華的配菜」這樣的概念，贏得許多消費者共鳴	×	上市三個月時，銷售突然下滑，出現「雖有共鳴，但實際上不會買來用」這種令人無奈的意見

的我們也是一樣，在蒐集資訊時，會傾向於無意識地選擇把焦點放在想看到或是想聽到的東西上。所以在尚未於類似的測試上累積足夠經驗之前，是很難事前察覺到問題所在的。美國人常說的「你不知道自己不知道什麼」（You don't know what you don't know）就是指這個狀況。

以為會賣，但上市後卻絲毫不賣……。這大多是因為不分青紅皂白，把有毒的消費者資料吞下肚，才會造成事後肚子痛。銷售只有原本預估的三分之一以下時，就是劇痛！一個沒搞好，可能連工作都會丟掉。食物中有毒的時候，只要用心去留意，基本上都是有某種前兆的。比如說味道有點怪，或是聞起來氣味怪怪的，之類的。但請各位記得，**有毒的消費者資料是無味無臭的！**很容易就一個不注意吞下肚。

沒有氣味的有毒資料，該如何察覺呢？雖然只要講一句「累積非常多的經驗」，大家就知道了，但因為這樣講又太過直接，所以我就用自己的經驗來給予建議。我認為，「視使用消費者資料的情境之不同，提醒大家留意」的這種做法，不但比較好懂，也比較合乎邏輯。根據我至今的經驗，在以下幾種狀況下，概念測試的資料有毒（測試結果與市場實際結果落差很大）的機率極高，請各位要小心。

A：生產的是開創新品類的商品時

像這樣的商品，就像是「把只畫有象的圖畫，拿給沒看過象的人，問他們有什麼感想」一樣。有很多事情，是消費者實際在店頭看到商品前，所無法想像的。只靠平面概念（畫在紙上的商品圖片或照片）做判斷，很明顯與現實狀況並不相同。再者，包裝的大小也會影響到價值，就這點來說，也和在店頭選購時的狀況不一樣。

反過來看，一般的概念測試，為什麼能夠預測到實際狀況呢？我們用洗衣精的概念為例來思考看看吧。假設有一種新款的碧浪液體洗衣精，其價格、包裝的大小等等，都和現有的碧浪相同，唯獨氣味不一樣好了。基本上，受測者在回答問卷時，看到概念中提示的商品包裝，會無意識地去想像，和店頭看到的商品差不多大小，價格也差不多。基本上，他們在回答時，會無意識地把以往自己對於同品類商品的經驗與知識，添加到概念所揭示的資訊當中。所以光靠著平面的概念，廠商就能做出相對正確的預測。

但相較之下，受測者若缺乏對於該品類的經驗與知識（也就是全球首度發售的商品類型），測試結果與問市後的銷售成果假如相去甚遠，那也是理所當然的。首度開創新品類的商品，會出現各種未能預測到的問題。例如，消費者不知道該到哪裡的店的什麼賣場去買，或是就算到了賣場，也找不到商品擺在哪。也可能是商品比原本想像的要大、要占空間、要重，或是不喜歡它的氣味、質感沒有想像中的好等等。很多問題，都要等到實際發售這種商品，才會發現。在這樣的狀況下預測出來的購買意願等消費者資料，有毒的機率很高。

以模擬店鋪這種比平面資料要好得多的方式做測試，固然是一種解決之道，但這樣只能得知新購率而已。有多少百分比的人會回購？實際會購買幾次？像這樣的資訊就不得而知了。因此，最好的做法是，透過易於保密、人員進出少的公司內設施，像是在工廠裡設置零售店鋪，只賣給員工，而且和其他商品一起賣。以期間長短來說的話，必須要到足以解讀回購率以及購買次數的程度才夠（需要半年或一年左右）。

但在這種狀況下，第一次的商品預測是沒辦法做的。因為，沒有資料能夠把公司內測試店鋪的資料，與市場的實際狀況連結起來。若要修正這家測試店鋪的測試環境所造成的偏誤，不可或缺的是能夠把測試值拿來和實際值相連結的標竿資料。透過最初的商品取得這樣的資料後，第二件商品起，就能設法處理了。只要有一個能充當標竿的商品，再用它來把公司內資料（新購率、回購率、購買次數）和市場資料連結起來就行。這樣就能看到現實狀況，預防吃壞肚子了。像這種能夠把對商品的預測和實際狀況串連起來的資料愈多，預測的精確度就愈高。就好像尺的刻度變多了一樣。

在公司內部做了模擬銷售測試之後，要盡可能做試銷，短期間也沒關係，然後以有機的方式改善銷售通路、店頭活動以及電視廣告，再展開全國銷售，這會是最好的做法。現在在日本寶僑也仍在銷售的布製品除臭噴霧「Febreze」，就是利用這套最好的做法做測試，才上市的。它最早在全球市場上出現，是 1996 年 5 月，那時是在美國進行試銷。試銷的初期結果是普普通通。接著就一面嘗試錯誤，一面改善行銷計畫，然後在全國開賣，結果成績斐然。在試銷時最大的改善點在於，改善了產品的定位以及電視廣告，繼而提升了其消費者偏好。透過電視廣告的改善，達到很高的購買意願，喚起率也破了過去的最高紀錄。也因為這樣，才得以讓「消除布的臭味」這種全球首創的新品類商品，慢慢地在市場占有一席之地。

B：在測試概念時和實際在店頭時，商品的尺寸給人的印象大不相同時

平面資料的測試給消費者的印象，與實際在店頭看到時的印象若不相同，測試得到的購買意願等資料，有毒的機率也會很高。常見的狀況是，和商品的大小有關的測試，與實際大小之間出現落差的問題。可能是實際商品在店頭看到的感覺，比概念商品從照片上看到的印象要來得小，讓人感覺不到價值感，因而滯銷；也可能是反過來，實際商品在店頭看起來比測試時的印象大，

結果過度暢銷，或是讓消費者感到使用不便而滯銷⋯⋯。雖然只是推測而已，但我個人認為，一匙靈 Neo 的狀況應該是屬於「實際商品在店頭看起來，比測試時的印象要來得小，價值感不足，因而滯銷」。

由於此問題和在 A 項處說明過的「開創新品類的商品」的部分問題雷同，因此要解決這個問題，對策基本上是一樣的。不過，購買次數等項目，可以用既有的消費者追蹤調查的購買資料來做預測。本例的問題在於新購率，因此會需要產品的使用測試，不過長期的公司內銷售等更為詳細的回購率測試，就沒有必要了。可以在實體的模擬商店和競爭商品一起擺出來，先呈現概念，再詢問購買意願，或是像拉丁美洲那樣，使用在第六章介紹過的 BP-10 預測市占率方式。不過，在概念測試後，還必須在產品使用測試上，和過去的資料或對照組的產品相比對，以確認再度購買的意向，以及 CP 值。

C：加值價格高出 25% 至 30% 以上時

商品的加值價格，若高於所屬品類的領導品牌達 25% 至 30% 以上，就必須特別當心在概念測試中得到的消費者資料。概念測試時，由於沒有真的付錢購買，價格的影響只會局部反映在消費者資料中而已。請各位把自己當成是概念測試的受測者，試著回答購買意願看看。在紙上填寫時，對於價格的敏感度一定會比較低，理當和實際在選購時不一樣。而且請試著想想商店在打折時的狀況。要是只有 5% 或 10% 的折扣，消費者的反應不會太熱烈；但如果折扣達 25% 或 30%，消費者的反應，就會很熱烈了吧？這裡講的則是相反的狀況，也就是說，在對於金錢沒那麼敏感的測試情境下，即使比領導品牌貴 30% 以上，都還是回答「想買」的比例，和在對金錢十分敏感的店面情境下，實際購買比領導品牌貴 30% 的商品之比例，會出現很大的落差。

要解決這個問題，首先必須先以和最容易想到的替代品（也就是領導品牌）相同的價格做測試，求得新購率，再根據價格彈性，把加值價格的影響帶進去。例如，表 7-2 的洗衣精，若在這樣的條件下做測試，假設實際銷售時，價格比領導品牌貴 30% 好了。而洗衣精的價格彈性假設是 -1.5。「價格彈性 -1.5」的意思是，每當價格上漲 1%，銷售量就會減少 1.5%。所以，當價格貴 30% 時，-1.5×30%＝-45%，對銷售量有這麼多的影響。最後就像下面列的那樣，認知度與鋪貨率都是 100% 時的新購率為 32%，一旦把加值價格的影響加進去後，會變成跌到 18%。

32%（測試時得到的預測新購率）×（*100% － 45%*）
＝ *32%×55% ＝18%*

若要使用市占率測試的資料，就要把五大主要品牌的概念，以及把價格訂在與其中的領導品牌相同水準的測試產品的概念，一起呈現給消費者看，再請消費者分配十張點點貼紙，先計算市占率。接著，同樣考慮價格彈性，調整市占率（測試中得到的市占率×55%）。

概念測試的加值價格，如果比領導品牌高很多，就要事先懷疑，價格的影響沒有在購買意願的資料中反映出來。該資料有毒的可能性極高。因為，在紙上的測試環境下，要把實際拿著錢包在店頭選購時的情境重現出來，是很困難的。但只要照著這裡介紹的這種方法，分成兩階段計算市占率與價格的影響，就能防止因為有毒資料而導致自己出現絕望性的腹痛，或是殞命。請各位務必要記住。

5 市場規模的現實狀況可利用「整合性」掌握

這裡要說明，如何才能掌握最重要資料之一的「市場規模的現實狀況」。如果缺少了像日本肥皂清潔劑工業協會提供的出貨量那樣的資料，在市場資料當中，我們唯一知道的事實，就是自己公司的銷售量。除此之外，全都是預測值。要想知道現實狀況，就必須從自己公司的銷售量出發，在考慮到求算種種資料時的假定、這些資料的特性以及可信度之下，利用資料之間的整合性，逐步掌握現實狀況。具體來說，是依照以下的次序一步一步做的。

1) 把根據零售店的 POS 資料求得的市場規模乘上市占率所得的數值，拿來和實際的銷售量與銷售額做比較。這時候，市場規模的定義與構成公司銷售額的銷售通路必須一樣。例如，假如定義只鎖定在超市上，那麼公司拿出來比較的銷售資料，就只把超市的部分拿來比較。比較的期間以一年為單位，大概要看個三年份。這麼做，就能減少資料的波動或是流通庫存的變動所造成的影響。

2) 假如每年都差 10% 以上，資料恐怕存在著某種根本的問題。可以想見的是，不是預測方法有問題，就是所使用的樣本未能代表全體。首先，要知會資料提供者問題的存在，詢問其解決方式。假如問題未能解決，因應的方法是，把三年份的資料延長為十年份再來看。基本上，要是落差都差不多在同一個比例，那麼就姑且直接修正這個比例的差異。最終判斷得看與其他資料間的整合性再做決定。

3) 根據零售店的 POS 資料得知的市場規模，若未能涵蓋公司的所有銷售通路，可使用消費者追蹤調查資料。但是，消費者追蹤調查資料基本上會存在著缺漏的部分，要用於調查市場規模時，無法直接拿來使用。

首先，要根據消費者追蹤調查資料計算銷售額，拿來和公司品牌的銷售額相比較。若有多個品牌，就把它們的銷售額加起來，拿來和個別追蹤調查資料計算出來的品牌銷售額總和來比較。例如，利用追蹤調查求得的銷售額總值，如果是實際銷售額的七成，那就單純地把利用追蹤調查資料求得的市場規模除以 0.70。

4) 詢問消費者「最近一次購買該品類商品是什麼時候？」，接著再問一年內購買幾次。頻率相對較高的洗衣精、餐具洗潔劑、洗髮精等產品，就把最初的九個月期間購買者的比率，當成一年期間的滲透率來使用。至於次數的部分則不予以調整，直接使用。這套方法是基於經驗法則推導出來的。利用此一滲透率、購買次數，以及消費者追蹤調查資料的平均購買金額，算出市場規模。

更邏輯性的方法是，只使用「最近何時購買該品類產品」這項資訊，預測滲透率與購買次數。詳情請參閱卷末解說 2 的「伽瑪・卜瓦松最近購買時間模型」。

5) 這三種方法求得的市場規模，若沒有出現極大的差異，就直接把三個預測值加起來除以三。在另外學到什麼重大的新知識之前，就姑且用這個數字。

6 資料要去除髒污後再看

消費者資料會受到取得資料的方法以及情境的影響，許多時候，資料都無法直接拿來使用。但視資料的不同，有時可以正確地去除這些「扭曲或髒污」。就像把透鏡上的髒污擦掉再對焦一樣，透過資料的修正看清現實狀況，是可能的。「家庭追蹤調查資料」就屬於這種能夠修正的資料。

所謂的「家庭追蹤調查資料」，指的是與家庭的購買相關的資料。是由從消費者當中抽取出來的樣本家庭，把他們在購物時實際購買的東西記錄下來而得。家庭追蹤調查資料，我這樣的分析師當然會用，就連森岡先生那樣的數學行銷人員，為理解市場實際狀況，也會頻繁使用這種資料。例如，最能呈現出整體偏好的就是單位占比，但是要詳細理解它的話，就必須經常使用家庭追蹤調查資料。在家庭追蹤調查資料當中，經常會去看的包括「滲透率」、「平均購買次數」、「回購率」、「每個產品的平均購買單價」、「每次的平均購買個數」等等。不過，家庭追蹤調查資料中，精確的資料只有「每個產品的平均購買單價」與「每次的平均購買個數」這兩項而已。

不同於店頭 POS 資料，家庭追蹤調查資料並不會把所有的購買行動都記錄下來，會隨機出現「記錄缺漏」的情形。現在以擲骰子為例來說明。購買記錄的缺漏，就像是在擲骰子時，隨機漏記所擲點數一樣。家庭追蹤資料的參與成員之間的「缺漏率」是不一樣的。有的人記錄很嚴謹，有的人記錄很隨便。但只看同一個人時，記錄是隨機缺漏的，因此怎麼看都是公平地發生「缺漏」。就算購買了不同尺寸的商品，由於缺漏次數和購買次數成正比，以結果來說，「每個產品的平均購買單價」，在缺漏前（所有購買行動都有記錄下來的狀態）與缺漏後是一樣的。

同樣地，「每次的平均購買個數」，在缺漏前與缺漏後也是一樣的。再者，一個做記錄嚴謹的人應該也不會只購買特定尺寸的產品。以結論來說，「每個產品的平均購買單價」與「每次的平均購買個數」的資料，都是正確的。順帶一提，把公司的銷售額除以各尺寸的銷售個數，計算出來的「每個產品的平均購買單價」，和追蹤調查資料的數值幾乎會是相等的。

「缺漏」會影響到的是「滲透率」、「平均購買次數」，以及「回購率」。由於「缺漏」是隨機發生的，可以用 NBD 模型修正。就好像是把眼鏡上的髒污擦掉，變成能夠清楚地看到現實狀況一樣。購買次數的分布情形呈負二項分配，「缺漏」影響到的是第一章式 (1) 中的 M 而已，K 沒有變。可以根據追蹤調查資料的滲透率計算 K，修正 M 缺漏的部分，來計算滲透率。「平均購買次數」、「回購率」的修正，請參考卷末解說 2 的 NBD 模型。在這樣的修正下，就能看到正確的模樣了。

7 要像昆蟲一樣以複眼觀察現實

到此為止，我列舉的都是消費者資料的問題點，可能多少會給各位一種印象：怎麼講的都是消費者資料的負面情形？但正如我在開頭處講過的，「現實的世界」與「認知的世界」之間無法直接接觸，中間少不了要有消費者資料做為「符號」媒介，這一點是錯不了的。就算消費者資料存在著調查偏誤，就算它可能含毒，我們還是必須以之為線索，盡可能在我們「認知的世界」裡，正確地建立起「現實的世界」。

在本章的最後，我想要談談令人懷抱希望的故事。我要講的是，每一項資料就算存在著偏誤，就算可能有毒，只要盡可能予以多方組合，還是能夠逐漸逼近正確的現實。從各種不同角度看待事物，再把這些資訊組合起來，就能找出正確答案。**這個驚人的智慧，就是要「像昆蟲的複眼一樣觀察現實」**。

我來介紹一個令人難以置信的實例。這是統計學家法蘭西斯・高爾頓（Francis Galton）在 1907 年的科學雜誌《自然》上所發表的論文。在英國的普利茅斯舉行的食用牛與雞的品評會中，有個比賽是「猜猜活公牛在處理為食用肉時的重量」。簡單講，就是猜猜牛有多重的集體益智問答。主辦單位挑選健壯的公牛，由參加者購買參賽券，填上住址、姓名，以及預測值，再提交出去。最接近正確答案的人，可領取獎品。當時有 800 人參加，其中看不出所填寫預測值的有 13 件，有效件數為 787 件。

正確答案是 1,198 磅（543 公斤）。而所有人的預測值的中位數是 1,207 磅（547 公斤），與正確答案非常接近。更令人驚訝的是，所有人預測值的平均數，和正確答案只差區區 1 磅（453 公克）！所有人的預測值的平均數，和正確答案幾乎一樣……為什麼呢？這是個一時之間令人難以置信的結果。除此之外，還有其他類似的實驗，也確實得到了類似的結果。例如，在一個龐大的玻璃容器中，放入許多雷根糖（糖果的一種），由許多學生來猜測其數量。把學生們所寫的預測值之平均數，與實際數值拿來比較，也得到同樣的結果。在預測紐約街頭黃色計程車數量的活動中，也發生了同樣的事。

這種現象被稱為**「群眾的智慧」（Wisdom of Crowds）**。這真是一種很有意思的現象。不過，和高爾頓的例子近似的問題，固然能得到非常接近正確答案的平均數，但並不代表所有的預測性問題，都能找到正確答案。至少，預測要能夠貼近正確答案的條件是，必須讓預測具有多樣性與獨立性。這樣能夠理解嗎？在牛的例子當中，參加者各自獨立做自己的預測，而且大家並非來自於思考相近的特定團體，確保了想法上的多樣性。這是很重要的。

為何「群眾的智慧」能找出正確答案呢？我也無法給你明確的回答。以下只是我個人的推測，我認為這是和我們「保存物種」相關的一種能力之表徵。說起來，對於牛、糖果等生存所需要的「食品」，人類群體若能對於其數量有精確的認知，對於保存物種來說，應該是有利的。就算每一個個體看起來都是各自思考、各自行動，但構成群體的話，就會往現實當中某個生存機率較高的方向靠近，這會讓人覺得，背後是否存在著某種機制。例如，螞蟻不需要設計圖，看起來像是每隻螞蟻分頭工作，卻能做出一座複雜而龐大的蟻塚。我認為預測的現象隱約就近似於此。

舉群眾的智慧為例，我想要講的是，若能把透過多樣化的角度得到的資料組合起來，我們也能更接近實際的正確答案。也就是說，在我們為了得知現實狀況而使用消費者資料時，應該盡可能在確保多樣性與獨立性之下，多從不同的角度來觀察。要像昆蟲從不同角度以複眼看待現實景象那樣去觀察。

最後，來看一個在多樣性與獨立性的前提下，平均數比個別預測值更精確的例子吧。假設我們要預測「現在，日本有幾家男士理髮店」好了。我們姑且用兩種獨立的預測方式試試看。第一種思維是，單純地用大阪府占全國的人口比例，試著計算看看。已知的資訊是，大阪府的人口，以及大阪府的女子美容院的數量。由於不知道大阪府的男士理髮店數量，因此粗估其數量為女子美容院數量的一半左右，據以推估看看。預測結果是，103,100 家。

表 7-4 方法 1

地點	大阪府	全國
2010 年人口（千人）	8,865	128,057
美容院數量（2011 年）	14,275	—
理髮店數量假定為美容院數量的 1/2	—	—
理髮店數量的預測值	7,138	103,100

第二種思維是，把全國理髮店銷售額的試算值，除以每家店平均的必要銷售額，以求算理髮店的數量。全國的銷售額，可以用男性人口乘以適當的每年消費次數，再乘以每次的平均消費金額求算而得。另外，每家理髮店平均需要 600 萬日圓的銷售額，才經營得下去。這是粗略以約 400 萬日圓的家庭平均所得，再加上營運成本 200 萬日圓所得到的金額。根據第二種方法求得的預測值是 186,983 家。

表 7-5 方法 2

A	2010 年男性人口（千人）	62,328
B	每人平均每年上理髮店次數	6 次
C	每次價格	3000 日圓
D	總計（A×B×C）	1 兆 1219 億日圓
E	每家理髮店平均需要的年銷售額	600 萬日圓
F	家數（D/E）	186,983

以下列出第一種與第二種試算的結果，以及二者的平均數。

平均數為 145,042 家，比單獨其中一種方法的預測值還接近正確答案。「群眾的智慧」在在顯示出，為了得知真相，我們必須從各種角度看待事物。

表 7-6

	預測值	預測值／正確答案
方法 1	103,100	78%
方法 2	186,983	142%
平均數	145,042	110%
2011 年度的家數（正確答案）	131,687	—

◆ 重點整理：消費者資料的危險性，與規避風險的對策

1) 為了盡可能減少消費者資料在使用時的問題，在調查時要好好設計與蒐集資料。

A. 若是與習慣相關的資訊，雖然問絕對值，也能得到正確的資料，但對於除此以外的資訊，就要考量到調查的目的，要盡可能蒐集相對性數值。也要確認各選項是可以互相比較的。例如，預測市占率，會比預測銷售額的絕對值要簡單，一般來說也較為正確。

B. 若需要絕對值，一個是建立資料庫，好把消費者資料轉化為現實數值，不然就是計畫性地在調查中加入能成為標竿的資料。

C. 產品的價格如果比品類中市占率第一的產品貴 25% 至 30%，要調查其可能銷售額時，要把價格先設為與市占率

第一的產品價格相同，用此方式調查消費者購買的可能性，事後再利用以零售店 POS 資料推導出的價格彈性調整之。

2) 要正確解讀消費者資料。與行銷相關的問題，要盡可能使用多一些調查資料，建立起整體來說具整合性的見解。要是只仰賴一種資料，判斷容易出錯。此外，要預設消費者追蹤調查資料可能會有缺漏，要予以修正，變成和現實之間具整合性之後，再拿來使用。

3) 要預測開創性品類的產品之銷售額，以及據信測試狀況與現實狀況有所不同的品牌之銷售額，是極為困難的。風險較大時，就只能利用測試店鋪或試銷等手法，配合實際銷售情境銷售看看了。

4) 為了更正確地理解現實狀況，要從具多樣性與獨立性的不同觀點，盡可能從更多角度觀察實際狀況，這樣的手法是必要的。要像昆蟲的複眼一般觀察。

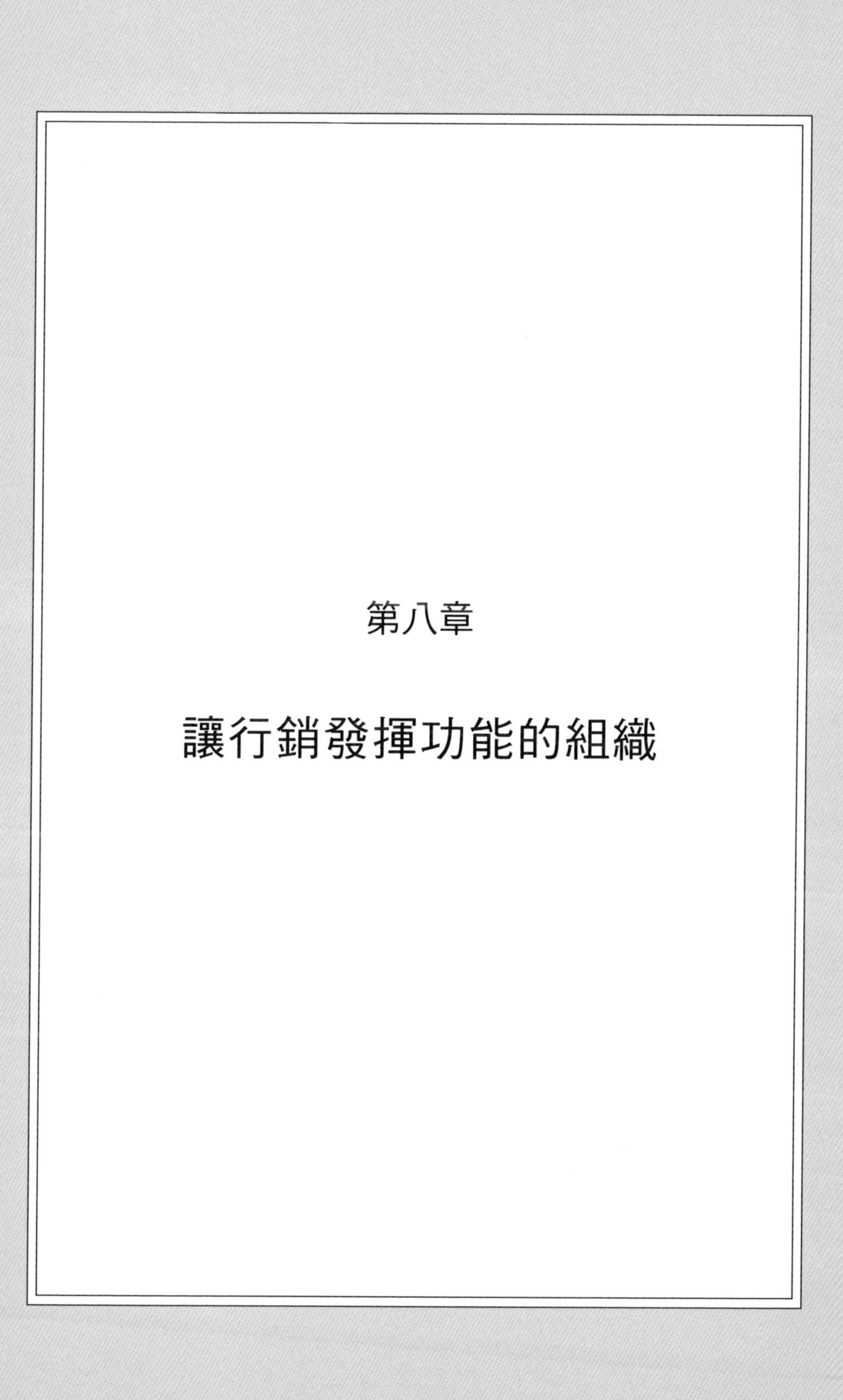

第八章

讓行銷發揮功能的組織

本章再度由森岡負責執筆。如果想在自己的企業裡，執行前面提到的各種數學行銷和機率思考，究竟要怎麼做，又要從哪裡開始才好呢？我想，心裡有這疑問的讀者，應該不在少數。而這問題的答案，就是「由建立一個讓行銷發揮功能的公司組織開始」。本章將介紹，我們對於為求贏得消費者偏好，「讓行銷發揮功能的組織」的想法。

1 兩個前提思維

◆ 要以系統方式導入，行銷才能真正發揮功能

不管延攬了多優秀的行銷專家和研究人員，除非他們擁有超人般的領導能力，否則很難有什麼太大的改變。原因在於，一個人能做的工作量，終究只是九牛一毛。我看過好幾位我認識的優秀行銷專家，轉職是轉職了，但是在新公司都無法發揮能力，就此被埋沒。當然他們本身的領導統御能力和適應力也許也還有磨練的空間，但他們共通的煩惱或不滿，似乎是「好不容易擬出來的計畫，卻難以執行」。

有許多突然開始重視起行銷的公司，大多是把個人視為公司的零件，打算替組織換一顆更優秀的零件。但是能夠認真思考「應該如何改變既有的組織結構或決策系統」的企業，則少之又少。當公司組織這一部大機器運轉不順時，更換零件即使能小有改善，卻不會改變大勢，因為幾乎絕大多數情況，問題都不是在零件上，而是在機器結構本身。曾經有許多公司的經營者來找我諮詢，而他們大多有兩個很大的根本誤解。

首先，他們誤以為，只要聘來一位絕頂優秀的行銷專家，公司的經營就可望有大幅改善。的確，一開始就雇用一個深知如何讓行銷以組織方式發揮功能的人才，確實是不可或缺，但行銷並不只是個人技巧。甚至應該說，如果不能把行銷組織系統化，就沒有任何意義。無論公司裡有多優秀的行銷專家或研究人員，除非擁有能讓他們發揮的組織結構，否則無法運用那些力量。

另一個錯誤是，只把那些優秀的行銷人員，用在改善廣告或銷售方式等狹隘的範圍內，期待他們能依照經營者的喜好去發揮。但事實上，很有能力的行銷人員，絕不會是一個唯命是從的人。真正優秀的行銷人員，會為了讓公司致勝，毫不畏縮地干涉公司層級的決策。如果公司做法有錯，還會想徹底加以改革。對經營者來說，這種行銷人員不會是一個乖乖牌。說得更直白一點，如果沒有把公司重要決策委託給身為消費者代理人的行銷人員的覺悟，就別夢想擁有一家能贏得消費者偏好的公司。

◆ 個人會有自保的動機

會把自己的命運奉獻給組織的個人，絕非多數。大多數人，會以自己本身的利害或方便為優先。因為大多數人的本質是自保。有個明白顯示這情況的理論，就是知名的「帕金森定律」（Parkinson's law）。以下摘錄《經濟學人》（*The Economist*，1955 年 11 月 19 日）的內容為各位介紹。它的內容及數學式非常明瞭，詳細內文現在仍可在網站上瀏覽。

簡而言之，帕金森定律主張「無論實際必要的工作量多寡，官僚組織都有不斷膨脹的傾向」。這個定律來自對英國官僚組織的研究結果，而組織膨脹的主要理由有二。A）官僚傾向於增加自己的下屬人數，不希望自己的競爭對手（競爭者或威脅自己存在的存在）增加。B）官僚會有製造工作給彼此的傾向。組織因此不斷擴大，而帕金森定律已證明該增加率與工作量無關，每年在 5.17% 至 6.56% 之間。增加率依以下公式而定：

帕金森定律的「增加率」$= \dfrac{2 \times k^{m} + p}{y \times n}$

k：想藉由增加下屬數量謀求晉升的人數

m：所有為了答覆部門內會議紀錄所需的總時間

p：到退休為止的年數

y：上一年度的總人數

n：有在運作的部門數量

接下來摻雜一些我個人的解釋，包括 A）和 B）的根本原因，在於各個組織成員並非以組織整體的利益為重，而是以自我的利益（自保）優先。畢竟，在官僚組織裡，收入是依地位而定，地位則依下屬人數而定。說得更深入一點，官僚會積極為了自己的地位或成果，去增加下屬人數，但只會讓下屬看到他自己工作的部分。而增加了的下屬們，也會為了正當化自己的存在價值，開始增加工作與下屬人數。以自保為優先的個人，不會想增加足以扛下自己所有工作內容的人才（也就是足以取代自己的人），因為那樣會威脅到自己的地位。

帕金森定律不只告訴我們官僚組織的膨脹速度，也提醒我們一件重要的事。那就是，個人和全體組織的利害關係，並不必然一致。那麼，當我們的前提是以組織系統的方式導入行銷，而不是只當它是個人技巧之際，又要如何確保，組織會站在消費者的觀點做出決策？以下，我將為各位說明，我們對於「正確的」行銷組織思維的一些想法。

2 行銷組織的思想

◆ 聚焦於消費者偏好的組織

前面已經說過，為了達成「建構足以提升中長期營收及利益的品牌」這項行銷使命，最重要的事，就是贏取整體市場的消費者偏好。而既然市場結構的本質是消費者偏好，所有行銷組織都應該擁有的最重要原則，就是「消費者觀點」。組織必須在理解消費者這件事上不斷投資；在品牌建立、產品、服務等一切層面，都站在消費者角度思考事物的對錯；把提高消費者對自家公司品牌的偏好，視為判斷和行動的最高指導原則。

但是，要企業組織貫徹「消費者觀點」，並不是件容易的事。正如帕金森定律告訴我們的，組織是由一群以自保為第一要務的個人所構成。再加上部門間的利害關係、經營者或製作者的自負、各種內部矛盾等諸多狀況，造成公司整體決策，實務上經常偏離或甚至遠離消費者最適化。這是因為**像公司這種由眾人組成的集團裡，公司的利害與個人或部門的利害，在自然狀態下，並不會一致**。我覺得，這種矛盾，不只會發生在消費者觀點或顧客角度等課題上，而是幾乎會發生在所有的面向。

我們認為，個人或部門的利害關係，在自然狀態下，理所當然不會一致。也正因為如此，才必須刻意建立一個「即使必須衝破部門間或個人間的利害關係和障礙，也要徹底守住最大消費者價值的強力決策機制」。企業若是想維持中長期的生存，整間公司都必須貫徹以消費者觀點為基礎的行為準則。而行銷組織的重要任務，就是在組織內部強調這樣的消費者觀點，並加以驅動。行銷組織，是位在公司內部的「消費者代理人」。2010 年到 2015 年的 USJ，就是建立起「讓身為消費者專家的行銷單位，跨部門驅動消費者觀點的機制」，因而獲得成功。

透過這麼大規模的組織結構變化，USJ 從原本「亂槍打鳥盲

行銷驅動的組織

「由亂槍打鳥盲目製作產品的公司，
轉變成鎖定暢銷產品製作的公司」

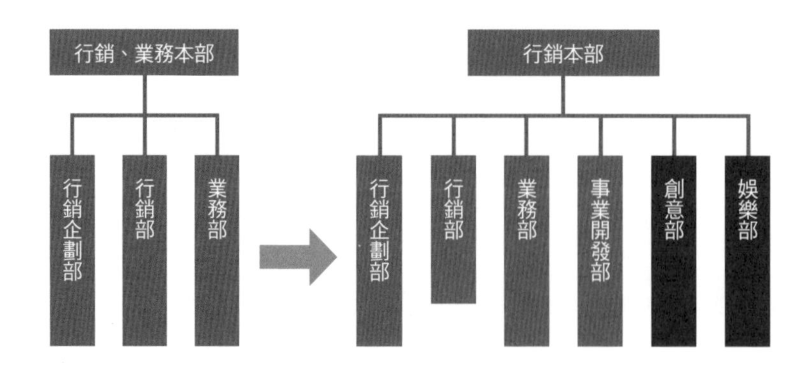

目製作產品的公司」，轉變成「鎖定暢銷產品製作的公司」。改由行銷部門站在消費者觀點，驅動公司推出遊樂設施和活動等產品後，計畫的成功機率，從過去的30%左右，大幅提高到98%（2016年2月資料）。

◆ 學習成長的組織

無論組織或是個人，如果「未能學習」，肯定用不了多久就會崩毀。不管是不肯學習，或是無法學習，結果都是一樣。人類和其他動物的最大差異，自始就在「學習能力」。能夠從經驗中學到多少，以用於未來的判斷和行為基準，對組織或個人的存續，有決定性的影響。未能學習的公司，沒辦法充分增加「資訊資源」這項經營資源裡尤其重要的核心。即使公司能不斷重複相同的行為，但無法面對不斷變化的商業環境，遲早會崩潰。但問題是，現實上卻有許多組織欠缺學習能力。

以USJ為例，USJ現在正致力導入數學行銷的心法，使其在組織裡紮根。負責建立學習系統、活用所獲得資訊的職員們，對此非常投入。但事實上，早在我和今西先生進入公司的更早以前，USJ就擁有非常優秀的調查設計專家，成功地長期不斷累積品質極高的資料。USJ在公司資訊基礎上引以為豪的強項之一，就是這個調查小組的能力。

他們不斷排除無味無臭卻極度危險的「有毒消費者資料」，長年為公司累積具有高度一貫性與信賴性的資料。像他們這樣優秀的調查設計與資料管理專家，好比圖書館裡優秀的圖書管理員。有他們在的圖書館，具有高度價值的書本會不斷增加，而且被善加整理，能隨時取出來運用。如此優秀的人員，是公司的寶物。這個絕佳調查小組所累積的資料，在建構 V 型復甦的策略時，不知幫了我們多大的忙！ USJ 預測需求的精準度之所以異常的高，正是由於有他們所累積的高品質資料為基礎的緣故。

但是在我當初剛進公司時，雖然擁有如此高品質的資料，整個行銷組織卻未具備「從經驗中徹底學習的文化」。資料的品質雖高，但對其分析並加以運用的行銷實務負責人方面，卻有問題。不知是否是娛樂產業的文化使然，行銷的實務負責人員，傾向把興趣和熱情投注在不斷推出新事物上。但是「對於做完的事情仔細去分析，以萃取出可運用在下次的經驗」這方面的態度，當時略嫌不足。

為了改革意識，我把這種做法稱為「做完就算了的文化」，目標是把這種文化，徹底從行銷組織中撲滅。進行到現在，由負責領導專案的實務負責人去分析結果、萃取經驗、分享給全體組織的流程，已能系統化地發揮功能。透過對每月、每季、每項專案的及時多角度分析，如今我們已順利提高了企劃專案的成功機率。

而這裡重要的是，在組織裡確立學習文化，對個人的成長也有助益。所有行銷負責人員都應該了解，徹底分析「下次再做的話，要怎麼樣才能獲得更好的結果」的重要性，並採取行動。這樣子，不只會提高公司的業績，在行銷人員個人的成長上，也是不可或缺。因為透過這些及時分析，整個組織就能共享經驗。除了深入分析自己負責的計畫所得到的高品質經驗外，再加上許多其他負責人員的個案，彼此相互分享。每個人的 POV（Point Of View：觀點）總量，將以等比級數增加，讓成長更為加速。

我認為，企業的成長，歸根究柢，等同於人力資源的成長。雖然我們嘴裡喊著組織組織，但組織的終極面貌，不就是「人」嗎？我覺得要讓組織裡的人才能透過經驗不斷成長，組織本身也必須是一個能學習的組織。學習、自我修正、自我改變，以更適應環境。無論個人或是企業，都只有繼續成長，才能存活下去。

◆ 尊重多樣性思考的組織

意味著多元差異的「多樣性」（Diversity）一詞，被人們重視已久。我的老東家寶僑，也非常重視這個觀念，包括對少數派的支持，以及晉用女性管理職等等，反映在許多人事政策上。現在的我，打從心底相信多樣性的必要性，但說老實話，當時的我，只覺得這種做法假假的，「只像是種政治正確的口號啊」（笑）。

現在的我，則是這麼認為：所謂的多樣性，指的就是尊重思考上的多元差異。比方說交響樂團，就是一種尊重不同音色風格的概念。沒有一把樂器，能單獨面對所有的局面。在樂曲中，「這裡需要某種音色！」的情況，頻繁出現。假設有個樂團，六十位樂手拿的全是交響樂團之王小提琴，也許也有能用這種編組奏出魄力十足演奏的曲目，但這種編組能表現的曲目，非常有限。交響樂團還是需要能表現出多種音色的樂器的多樣性，才能擴大表現的廣度和深度。

把這概念套用到公司組織上，我們認為，公司應該追求的，並不是在人種或性別等屬性條件上的差異化，目的應該是思考的異質化。當然，追求思考異質化的結果，使公司由各種人種背景或性別的人們組成，則是一點問題都沒有的。重要的是，目標該鎖定在思考的異質化上，以盡量聚集思考模式不同的人們為佳。因為這麼一來，去除盲點的機率也會提高。因各自的興趣而在大學、研究所時代專攻的學問差異所導致的思考異質化，在現實上就相當具有意義。因為人的興趣，大致上會根據當事人既有的特質而異。具體來說，數學、歷史、生物、文化人類學、工程學、哲學、心理學等學問，對於了解市場結構和消費者，有很大的助益。人員要有足夠的多樣性，才能透過對人類的綜合觀察，找出形成現象核心的本質。

3 市場調查部的編組

為了提高做出正確決策的機率，行銷組織裡，除了負責決策和執行的能力很強的行銷人員之外，研究人員（Information Officer）的存在也不可或缺。負責行銷的人，無論如何都會在決策中摻入主觀意志。主觀意志本身並沒有錯，但如果能考量到機率的隨機性，盡可能以邏輯方式減少決策時的不確定性變數，絕對更加有益。以下，讓我談談我對於在贏取消費者偏好的市場競爭中，為了讓行銷驅動的組織在中長期發揮功能所不可或缺的，由研究人員組成的「市場調查部」的編組上的看法。

◆ 市場調查部的目的

以人體組織來比喻的話，對公司而言，市場調查部門相當於眼、耳、鼻、舌、皮膚一般，負責蒐集並整理體外資訊，把它提供給大腦各部分，形同是公司為了適應不斷改變的市場並生存下去的「感覺器官」。如果市場調查部無法正確地發揮功能，等同於決策時依據幻覺或幻聽在做判斷。所以它的功能，十分重要。

市場調查部的目的，集中於以下三點：

1）提供消費者觀點的適當的定量、定性資訊，供企業擬定行銷相關的投資計畫，或做選擇與判斷。

2）針對目的，正確並客觀地掌握現況，並將該資訊正確地傳達給決策者。

3）消除短期、長期行銷計畫和投資上的盲點（blind spot）。盲點有兩種類型，一種是關於風險，一種是關於機會。

◆ 市場調查部的思想

市場調查部的組織和成員，最重要的信念，就是「追求真實」。公司內部，交雜著各種個人的利害和部門的利害。而隸屬於市場調查部的個人，也難以完全擺脫自己本身的利害、自己的自負，和內部政治的影響等。如果真實的資訊被這些偏誤所扭曲，那麼對公司的決策中樞而言，那樣的市場調查部，形同是用已壞掉的感覺器官提供幻覺給大腦，這將無法達成前述調查部門的目的。

「真實是什麼？」確實是個困難的問題。在調查裡，必須明確區分出了解的事，以及尚未了解的事。也必須明確區分出事實和推論。即使調查結果對內部掌權者而言是不樂見的事實，也必須貫徹「客觀彙整內容，追求真實」的態度。市場調查部成員必須擁有的，是以複眼審視事物的寬廣視野，以及守護真實的高度職業操守。

◆ 市場調查部的指揮命令系統

行銷組織中，市場調查部門的命令系統，應該直接向負責做行銷決策的最終負責人報告。市場調查部門和最終決策者之間，不該有太多人員或部門介入，因為資訊可能在傳遞途中被刻意扭曲，或是不好的資訊（特別是壞消息）傳到決策者的時間被拖延。

另外，為了讓市場調查部門直接掌握最終負責人的思維與課題，讓市場調查部主管以直接報告的方式和行銷組織的最終決策者連結，也是不可或缺的。為了能正確且及時地提供足以協助最終負責人決策的資訊，兩者有必要在許多面向上擁有共同的思維。為了扮演好最終負責人的優秀參謀的角色，拉近兩者的距離，非常重要。

市場調查部的成績，又該如何評量？我認為，由身為上司的行銷最終負責人，針對市場調查部在課題任務上的達成度，做主觀評價即可。人事評量原本就難以完全公平。重要的是，行銷最終負責人與市場調查部主管擁有相同的利益。行銷最終負責人的成功，也就是市場調查部主管的成功。

如果不能對市場調查部主管做出公平且被接受的評價，對行銷最終負責人而言，長期將產生巨大的損失。行銷最終負責人肩負著業務結果的責任。有效激勵市場調查部隊、讓他們積極地發揮功能，對自己本身的成功不可或缺。由兩者職責的特性考量，利害如此密切相關而又互補的報告關係，應可說是相當罕見。這不是一種最容易建立起美妙的共存共榮關係的結構嗎？

而對市場調查部成員的評價，也必須精心設計評量系統，以確保其與行銷組織的業務績效結果密切連結，並「追求真實」。

4 關於組織經營，我所相信的事

◆ 自始就不存在完美的組織

首先，以基本前提而言，我認為「天底下沒有完美的組織」。雖然組織（人員或系統）是最重要的經營資源，但必定受到許多限制，造成人員時常不足，系統常態性處於整備不完全的狀態。即使公司進入成長期，人力資源無論在品質或數量上，補充的速度往往跟不上實際需求，使組織時常處在未能滿足的狀態。組織要同時達到攻守兼備，相當困難。攻守均衡的組織是建構得出來，但也很可能因此成為攻擊和防守都不上不下的組織。所謂的「完美」組織，自始就不可能存在。

只能有十一個人上場的足球隊，是要組成攻守均衡的 4－4－2 陣型，或是重視中場厚度的 3－5－2 陣型，或是使用超攻擊型的 3－4－3 陣型？就像在做這類選擇一樣。無論做哪種選擇，都會產生出某種「特質」，然後從不同角度觀之，就一定會有某種優勢和劣勢。每一個組織也一樣，要了解到原本就不可能有完美的組織，再依照想達成的目的，選擇符合策略的組織結構。也就是，針對自己組織所處的狀況，要選擇何種必要的「優勢」才能致勝的問題。但一旦完成選擇並執行，那個優勢的背後，也一定同時存在著某種弱點。所謂建構組織時的選擇，也可說是了解這層事實後，有意識地選擇要把組織弱點放在哪裡的問題。

◆ 找到「佛陀的部分」，以既有戰力戰勝

不管是整間公司，或是許多部門、小組的主管，都時常這麼感嘆：「下屬的能力低落，實在讓人困擾」。能力不足、經驗不足、幹勁不足，各種情況都有。主管們對自己轄下小組人才的質和量不足一事，常有怨言。相對於必須達成的困難目標，人力資源明顯不足。承擔著這種沉重壓力，大概是中間管理職共通的主要煩惱。

我本身也有過這樣的深刻感受。但在常態性實際背負著如此眾多糾葛的龐大壓力下，我的認知後來達到了某種臨界點。那就是，「總之，就只能靠既有戰力去打勝仗」。這既像是一種放棄，也像一種豁然開朗，是一種在極端沒有辦法的情況下，接受現實時產生的變化。請求公司增強戰力，即使中長期來說能夠實現，也無法改變短期的局面。無論怎麼哀嘆、抱怨，都不會改變目前的狀況。更何況，對下屬失望、以煩燥的態度面對他們、非必要性地對他們施加壓力，都只會造成他們的工作表現更差，不會更好。

公司的整體經營資源，經常處於不足狀態，下屬無法選擇上司，事實上上司也無法自由選擇下屬。換句話說，既有戰力不會改變。那麼，身為組織主管，該做的是什麼？我認為，上司最大的工作之一，就是藉由改變自己本身的認知，去增加組織的人力資源。也就是關注並理解每一位下屬的個人特質，選擇讓那個人的特質變成優勢的情境，讓他發揮力量。只要在對的情況下，特質就會成為優勢。我把這稱呼為「佛陀的部分」。

我本身也是個有優點、有缺點，特性鮮明的人（笑）。說白一點，我的弱點和缺點一大堆。不只是我，每個人都擁有各種不同的特質。同一項特質，在某些情境下會是發揮力量的優勢，在別的情境下，則可能變成劣勢。無論什麼人都具有「特質」。如果有人完全沒有特質，那麼這也是他最突出的特質。上司必須「認知」下屬的特質，才能把特質轉化為優勢運用，也讓本人擁有自信，結果是增加了人力資源。達成目的的機率，應該會就此提高。

當然，這樣的結果是否真的就能達成目的，並不知道。即使找出了「佛陀的部分」，如果人力資源實在不足，還是會以失敗收場。但是，在無法改變既有戰力的情況下，想提高成功機率，除此之外還有其他辦法嗎？主管在組織裡應該做的工作，除此之外還有其他的嗎？

我認為，主管在組織裡的工作，有如交響樂團中的指揮。不詳細掌握每項樂器和每位演奏者特有的音色，想必是根本無法指揮。「這裡必須用到這個人的這種音色！」當指揮了解這件事並且要求那個音色時，演奏者也會傾全力去發出那個音色。用這種方式，找出每位下屬獨具的音色，加以組合，結合成符合目的的樂曲。指揮的工作，就是先選定動聽的樂曲，讓全員共同擁有想達成的明確演奏意象，引出每位團員不同的音色，合奏出整首音樂。透過這個過程演奏出動人音樂後，以結果而言，相信聽眾席裡的人數應該也會增加才對。

◆「用人」與「被用」是美好的事

「腸」和「腦」，哪個比較重要？我想，很多人會回答「腦」。但我認為這樣的觀念並不見得正確。沒有「腸」，「腦」就無法攝取活動所需的營養，遲早會死亡。我認為，「腸」和「腦」一樣重要。腸利用腦，腦利用腸，這是一種美好的相互依存關係，沒有哪邊比較重要，也沒有哪邊比較偉大。

人體是一個很了不起的組織。各部門具有明確的任務，部門間的任務不存在競爭。心臟做心臟的工作，不會對肝臟的工作說三道四。當腎功能衰退的時候，其他臟器都會感應到這個訊號，用盡所有方法協助腎臟，填補功能衰退的影響。而肝臟、心臟也不會對腎臟有所抱怨，不會指責腎臟的衰弱，做些扯後腿的事。競爭只會在人體之外發生，不會在人體內部發生。

企業活動裡，各種組織部門有如人體中的臟器一般被編組，每位員工則在各自的部門，有如細胞般地運作。如果可以，真希望組織能像人體一樣，在公司內部建立一個統合於高次元的相互依存關係，以戰勝外部嚴苛的生存競爭。要達到這個目的，就必須讓整個組織全面認知，部門之間雖然有「功能的差異」，但沒有「上下或優劣」的差別。

在實現了V型復甦的USJ裡，由我直轄的行銷本部底下，共有兩百多位員工，肩負起對全公司組織而言有如「頭腦」和「心臟」般的功能。包括我在內的本部員工，都對自己的使命抱持著責任與驕傲而不斷努力，未來也將如此。但是，行銷本部或本部員工，和其他部門相較，絕沒有什麼特別偉大之處。行銷本部只不過是完成身為行銷本部的任務罷了。比方說，行銷本部如果欠缺戰力十足的營運本部把數量驚人的到訪遊客伺候得安全舒適，行銷本部的存在與奮鬥，就完全沒有意義。

關於共存共榮的意識，並非只限於公司組織，在個人層級也多有感受。每一個個人，都有不同特質，也有擅長和不擅長的領域。每個人一天都只有二十四小時，一個人能負擔的領域，以全體角度觀之，只不過是滄海一粟。企業活動龐大的業務流程，有如包括支流在內，從上游到下游層層疊疊複雜交纏而往前流動的大河。在物理上，每個人只能夠負責那廣大流域的一小部分。即使身為總經理，也只是負責大範圍掌握整條大河的流域罷了。如果截取大河的任何一小部分，總經理對它的了解，搞不好比誰都淺薄。

在這樣的體制下，公司組織要有效發揮功能，就必須每個人善加使用別人，也善於為人所用。也許有些人的心理上，對於為人所用會有所抗拒，但是能夠為人所用，是件很美好的事。因為，如果不能為人所用，能力就無法在這世界上發揮。為了發揮自己的能力，能好好使用自己的人，是很難得的。

我能進入 USJ，站在擬定並執行 V 型復甦策略的最前線，是拜前 CEO 格倫·甘培爾（Glenn Gumpel）善加使用「我的能力」之賜。為了這份任務，我本身當然絞盡了腦汁與力氣，也對於自己在 USJ 做 V 型反轉壓力最大的那個重要時期，親自成為革新起點一事，深感自豪。但是，讓我承擔如此重責大任的人，拉緊繩子讓我別暴衝過度的人，持續給我一個廣闊空間讓我能發揮實力的人，都不是我，而是格倫。我因為為人所用，才開始能夠在世上發揮自己的力量。格倫在 2015 年 11 月見證到 USJ 的 V 型復甦後，從 CEO 之位退休。他跟我，是達成彼此任務的完美相互依存關係。對於他善加運用我一事，我由衷地深深感謝。

我相信，使用別人，以及為人所用，是一種有如人體組織般的美妙相互依存關係。在企業裡，高度的個人技巧，在需要突破局面的狀況時相當重要，但更重要的，則是「如何以組織的方式，有效地發揮功能」。為此，先擁有共同目的，再把彼此的任務明確化，以無分優劣上下的相互依存關係，如人體組織般整合，才是理想的狀態。我在建構組織時最費心的，往往就是這件事。既然聚集了許多優秀的個人，該重視的，就是讓每個個人以系統方式發揮功能。不是以個人，而是以組織方式共享各種能力，依循贏取消費者偏好的策略不斷嘗試，累積做為組織系統而發揮功能的經驗。我認為，只要有個三到五年，就足以建構一個具備充分基本能力的行銷組織。

卷末解說 1

機率理論的導入，
與偏好在數學上的說明

本章的內容，將會對第一章裡使用的模型，做數學上的說明，並且在說明過程中，闡明偏好、M和K在數學上的真正意涵。也同時解釋偏好是市場結構的核心，也是品類及品牌的營收本質（DNA）的數學根據。對大多數人來說，要突然理解狄利克雷NBD模型，應該有些困難。但本章會從高中數學裡機率論的重要基礎——「二項分配」開始逐步解說，各位不妨參閱，依序研讀。

概念上，根據以下三點，我們可以說偏好並不是結果，反倒是由它支配了品牌市占率、滲透率以及購買次數。

1) 消費者心中存在著偏好（相對好感度），而偏好支配著個人的購買行為。直接證據是，以消費者偏好為基礎的「BP-10市占率模型」，能以相對較高的精確度，預測真實的市占率。消費者偏好（相對好感度）支配著市占率，也支配著營收。換句話說，在100%認知、100%鋪貨率以及充分的時間下，偏好將等同於單位占比（Unit Share）。偏好存在於消費者心中，而其外顯的表現，就是單位占比。

2) 運用NBD模型，可以只用M和K這兩個參數，對品類和品牌的滲透率和次數別分配，做出非常貼近真實的正確預測。而M和K都是偏好的函數。

3) 只要輸入品類的M、K、單位占比和狄利克雷S，狄利克雷NBD模型就能正確預測出非常貼近各品牌實際現況的滲透率和次數別購買率分配。也能正確預測品牌間的轉換。而狄利克雷 S 和 K，也都是偏好的函數。

說到這邊，各位讀者是不是已經能理解「偏好支配了品類和品牌營收」這個概念了？接下來，我會用以下順序，逐一做數學上的說明。最重要的目標，是讓大家了解偏好的真正意涵；第二重要的，則是對狄利克雷 NBD 模型的說明和理解，因為這個模型把其他模型都含括在內，能顯示消費者對品類及各品牌的購買行為。

1）二項分配（為理解卜瓦松分配必須了解）
2）卜瓦松分配（以機率方式思考現實狀況的基礎）
3）負二項分配（NBD 模型）
4）卜瓦松分配與負二項分配之整理歸納
5）支配營收的重要數學式（偏好、K 的真正意涵相關說明）
6）狄利克雷 NBD 模型

針對 1）到 5），我將盡可能仔細說明，不跳過任何數學式，希望讓讀者只要有基本的高中數學知識，就能夠理解。5）將闡明偏好的真正意涵。6）則涵蓋了一部分超過高中數學難度的數學論證，希望更清楚理解此部分的讀者，可參閱高木貞治的《解析概論》一書。說明的內容裡，會用到許多數學符號，針對各符號的意思等說明，彙總於本章最後的一覽表中。

1 二項分配（Binomial Distribution）

要理解卜瓦松分配，必須先理解二項分配。因為卜瓦松分配是二項分配的一個特例。二項分配是高中數學裡非常基本的概念，讀者應該都有學過。以現在而言，會放在日本高中二年級的數學 B 教科書裡。但大概許多讀者都早已還給老師，所以我用紅球和白球為例，做簡單的說明。

假設現在，袋子裡裝著紅球和白球共兩種球，全部共有 n 個。其中有 θ 個紅球，$(n-\theta)$ 個白球。把袋裡的球充分攪動混合後，閉眼取出一顆球（表示隨機取出）。然後把取出的球放回袋裡（表示每顆球每次被選到的機率一定）。重複這樣的動作 N 次。只取一次而取到紅球的機率是$\left(\frac{\theta}{n}\right)$，取到白球的機率則是$\left(\frac{n-\theta}{n}\right)$。N 次中出現 r 次紅球的機率，可用以下的式 (1) 計算；N 次中出現紅球的平均次數，則可用式 (2) 計算。$n>0$，$n\geq\theta\geq0$，$N\geq r\geq0$

N 次中出現 r 次紅球的機率：$\frac{N!}{r!\ (N-r)\ !}\times\left(\frac{\theta}{n}\right)^{r}\cdot\left(\frac{n-\theta}{n}\right)^{N-r}$

式 (1)

N 次中出現紅球的平均次數：$\mu=N\times\frac{\theta}{n}$ 式 (2)

！表階乘之意，例如4! = 4×3×2×1，是由該數字本身開始，到 1 為止，所有小於及等於該數字的正整數乘積。

在取出的 N 次之中，一開始先連續出現 r 次紅球，接著連續出現 N－r 次白球的機率，可以用以下的式 (3) 計算。

擲一次骰子出現 1 點的機率是$\frac{1}{6}$。連續擲兩次都出現 1 點的機率則是$\left(\frac{1}{6}\right)^2$。因為是相對於第一次出現的$\frac{1}{6}$機率，所以只要再乘上一開始的機率就可以。

取出的 N 次之中，一開始先連續出現 r 次紅球，接著連續出現 N－r 次白球的機率：$\left(\frac{\theta}{n}\right)^r \cdot \left(\frac{n-\theta}{n}\right)^{N-r}$ 式 (3)

但是 r 次的紅球，也可能以其他順序出現。我們現在要求的機率，只要把排列 N 顆球時其中有 r 顆紅球，有幾種排列方式，去乘上剛才式 (3) 的機率即可。取出 N 顆球的所有方式，等同於在 N 個地點放置彼此不同的 N 張數字卡的放置方式一樣，共有 $N! = N\times(N-1)\times(N-2)\times\cdots\times 2\times 1$ 種。第一個地點有 N 種可能，第二個地點因為已經有 1 個放在一號地點了，所以只剩下 N－1 種可能，依此類推，第三個地點有 N−2 種，最後則有 1 種。同樣地，把 r 顆紅球放置在 r 個地點的放置方式共有 r! 種，而所有的紅球排列方式，都各自再搭配上 $(N-r)$ 顆白球的排列方式 $(N-r)!$ 種。所以，排列 N 顆球時其中有 r 顆紅球的排列法，共有 $r!\times(N-r)!$ 種。因此「排列 N 顆球時其中有 r 顆紅球的所有排列方式」，就是用 N! 除以 $r!\times(N-r)!$ 所得到的數字，也就是以下的式 (4)。

排列 N 顆球時其中有 r 顆紅球的所有排列方式：

$$\frac{N!}{r!\ (N-r)\ !} \qquad \text{式(4)}$$

我們要求的機率，就是用式(4)× 式(3)，也就是一開始的式(1)。

讓我們用一個實例來理解二項分配。假設現在，有個壺裡面放著七顆紅球（$\theta=7$）、三顆白球（$n-\theta=3$），合計共十顆球（$n=10$）。當取出三顆球（$N=3$）時，得到兩顆紅球（$r=2$）、一顆白球（$N-r=3-2=1$）的機率是多少？三顆球的排列方式，共有 3! 種。我們就用■★▲這三種不同符號，實際確認看看，排列方式共有多少種。

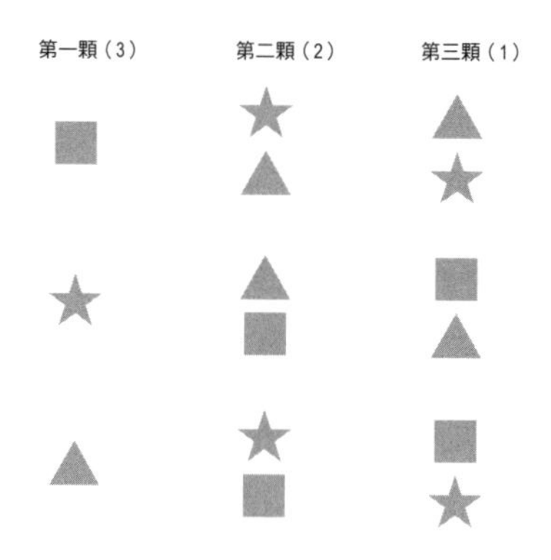

如上圖所示，第一顆球可能有三種情況；第二顆相對於各第一顆，分別有兩種情況；第三顆相對於各第二顆，則各只有一種情況。也就是總共有 $3!=3\times2\times1=6$ 種模式。「排列三顆球時其中有兩顆紅球的所有排列方式」，即為 3! 除以 $2!\times(3-2)!$，也就是 $6\div2=3$。出現紅球的機率是 $\frac{7}{10}$，出現白球的是 $\frac{3}{10}$。所以我們要求的機率是 0.441，出現紅球次數的平均值為 2.1。

$$\frac{3!}{2!\ (3-2)\ !}\times\left(\frac{7}{10}\right)^2\cdot\left(\frac{3}{10}\right)^{3-2}=3\times0.7\times0.7\times0.3=0.441、3\times\frac{7}{10}=2.1$$

2 卜瓦松分配（Poisson Distribution）

卜瓦松分配，是適用於世上諸多事象的重要機率分配。卜瓦松分配所表示的，是平均發生率長期處於一定的某種事象的「特定期間（單位期間）內的分配」。每年某個十字路口發生的交通事故件數幾乎維持一定，或是洗髮精銷售量在全國大致維持一定，都是因為這些機率呈現卜瓦松分配。

卜瓦松分配，是個串連起二項分配與現實世界的計算式。它是把二項分配的數學式，做以下三項操作：

（i）把白球（$n-\theta$）的數字設為一個相當大的數字。結果將使得 n 變大，出現紅球的機率 $\frac{\theta}{n}$ 變得非常小。

（ii）把取出球的次數 N 設為一個相當大的數字。

（iii）出現紅球的平均次數式 (2)，可改寫為 $\mu=N\cdot\frac{\theta}{n}$

如此一來，前面的式 (1)，將變成下列的卜瓦松分配式。至於為什麼，我會在稍後的數學式推導中解釋。

Pr(出現 r 次紅球的機率*) $=\frac{\mu^r}{r!}\cdot e^{-\mu}$（$e$ 為納皮爾常數，約 2.7183）

*某特定期間內　　式 (5)

我們每天，都面對著各式各樣的選擇與決策。其中有些選擇與決策，是選擇時無從知曉自己的決定究竟會招來什麼結果，而且該選擇不會影響到下一個選擇的選擇（意即獨立且隨機發生的事象）。這情況，正如同每秒從袋子裡取出 1 顆球一樣。袋子裡有數量非常稀少的紅球（一旦拿到，就等於發生某件事情），和數量非常多的白球（拿到的話，什麼都不會發生）。遭遇事故的機率，就有如從袋子裡拿到紅球；而什麼都沒發生，則有如從袋子裡拿到白球一樣。

舉個例子。以下的表 9-1，是 1875 ～ 1894 這二十年間，針對普魯士陸軍每年因遭馬踢而喪命的士兵人數，累計調查兩百個部隊的結果。這是卜瓦松分配的古典實例。這個案例裡，不是以個人，而是以一個部隊為單位，由袋中取出球。取到紅球，就意味著有人被馬踢到而死亡。二十年間，平均一個部隊共有 12 人死亡，相當於一個部隊每年（表示此例的單位期間為 1 年）有 0.6 人死亡。因此，此時的理論值（預測），就用 $\mu=0.6$。以這個表來看，一年有兩個人死亡的部隊數，實際上有 22 個，而預測值是 19.7 個。

平均一個部隊一年內有兩人死亡的機率：

$$P_r(r=2\,|\,\mu=0.6)=\frac{\mu^r}{r!}\cdot e^{-\mu}=\frac{(0.6)^2}{2!}2.7183^{-0.6}=\frac{0.360}{2}\times 0.549=0.0988$$

有兩人死亡的部隊數＝200×0.0988＝19.7

表 9-1

平均一個軍團一年間的死亡人數						
(r)	0	1	2	3	4	合計
實際的部隊數	109	65	22	3	1	200
理論值	109.8	65.9	19.7	3.9	0.6	199.9

如上所示，卜瓦松分配適合用來分析「鮮少發生的獨立隨機事件的分配模式」。人生是一連串的選擇，而每個選項都存在某種機率。這個例子，就是人生受機率支配的證據。

另一件事，則是我在汽車駕訓班聽到的。告訴我這個故事的人，是個穿著皺皺的深藍色西裝，戴著黑框眼鏡，頭髮已略斑白的老教練。「大型交通事故的背後，都發生過 200 次開車嚇出冷汗的狀況。」他這麼對我說。也許因為教練的形象和語氣，這句話聽起來莫名地讓人覺得很有說服力。這已經是幾十年前的事情了，但如今我還鮮明地記得這位老教練的話。200 次這個數字，也許可信度不高。大型事故，往往是眾多條件重疊在一起而發生。活下去這件事，好似不停地抽籤。不斷抽著籤，總有一天會遇到，無法百分之百防止。不想被捲進交通事故，就要時時刻刻小心駕駛，盡可能減少嚇出冷汗的狀況；減少紅球數量，提高出現白球的機率。我們能做的，就只有每天針對目的，選擇能夠提高機率的選項罷了。而這麼做的結果，就是改變長期下來的平均機率（卜瓦松分配的 μ）。

不只是意外事故而已。如果以個人層次分析購買洗潔劑、洗髮精這種事，會發現消費者個人的購買行為，同樣呈現卜瓦松分配。每個個人具有特定的機率，如同隨機抽取紅球、白球一般，反覆執行機率行為。而每次的行為，都是獨立事件。

卜瓦松分配式的推導：

從二項分配的式(1)，推導卜瓦松分配的數學式。

$$\frac{N!}{r!\ (N-r)\ !}\times\left(\frac{\theta}{n}\right)^{r}\cdot\left(\frac{n-\theta}{n}\right)^{N-r}$$

$$=\frac{N\cdot(N-1)\cdot(N-2)\cdots\{N-(r-1)\}\cdot\ (N-r)\ \cdot(N-r-1)\cdots1}{r!\cdot\ (N-r)\ (N-r-1)\cdots1}\times\left(\frac{\theta}{n}\right)^{r}\cdot\left(\frac{n-\theta}{n}\right)^{N-r}$$

$$=\frac{\overbrace{N\cdot(N-1)\cdot(N-2)\cdots\{N-(r-1)\}}^{r\text{項}}}{r!}\times\left(\frac{\theta}{n}\right)^{r}\cdot\left(\frac{n-\theta}{n}\right)^{N}\cdot\left(\frac{n-\theta}{n}\right)^{-r}$$

$$=\frac{N^{r}\cdot1\cdot\left(1-\frac{1}{N}\right)\cdot\left(1-\frac{2}{N}\right)\cdots\left(1-\frac{r-1}{N}\right)}{r!}\times\left(\frac{\theta}{n}\right)^{r}\cdot\left(1-\frac{N}{N}\cdot\frac{\theta}{n}\right)^{N}\cdot\left(1-\frac{\theta}{n}\right)^{-r}$$

$$=\frac{1\cdot\left(1-\frac{1}{N}\right)\cdot\left(1-\frac{2}{N}\right)\cdots\left(1-\frac{r-1}{N}\right)}{r!}\times\left(N\cdot\frac{\theta}{n}\right)^{r}\cdot\frac{\left(1-\frac{N}{N}\cdot\frac{\theta}{n}\right)^{N}}{\left(1-\frac{\theta}{n}\right)^{r}}$$

用$\mu=N\cdot\frac{\theta}{n}$代入，

$$\overbrace{\frac{1\cdot\left(1-\frac{1}{N}\right)\cdot\left(1-\frac{2}{N}\right)\cdots\left(1-\frac{r-1}{N}\right)}{r!}\times\mu^{r}\cdot\frac{\left(1-\frac{\mu}{N}\right)^{N}}{\left(1-\frac{\theta}{n}\right)^{r}}}^{N\to\infty}\quad\to\frac{\mu^{r}}{r!}\cdot e^{-\mu}$$

因為，當 N→∞（N 趨近無限大）時，各部分將如下所示，收斂為 1，或是收斂為某個數學式。

1）$\left\{1\cdot\left(1-\frac{1}{N}\right)\cdot\left(1-\frac{2}{N}\right)\cdots\left(1-\frac{r-1}{N}\right)\right\}\to 1$

因為 r 是常數，故 $\lim\limits_{N\to\infty}\frac{1}{N}=0,\cdots,\lim\limits_{N\to\infty}\frac{r-1}{N}=0$。

2）$\left(1-\frac{\theta}{n}\right)^{r}\cong 1^{r}=1$　n 為極大的數→ $\frac{\theta}{n}$ 為極小的數。

3）$\left(1-\frac{\mu}{N}\right)^{N}\to e^{-\mu}$。理由如下。

根據納皮爾常數的定義，$\lim\limits_{x\to\infty}\left(1+\frac{1}{x}\right)^{x}=e$。

代入 $x=\frac{1}{Z}$，

$\lim\limits_{z\to 0}(1+z)^{\frac{1}{z}}=e$，把這代入公式，

$$\lim_{N\to\infty}\left(1-\frac{\mu}{N}\right)^{N}=\lim_{-\frac{\mu}{N}\to 0}\left[\left\{1+\left(-\frac{\mu}{N}\right)\right\}^{\left(-\frac{N}{\mu}\right)}\right]^{-\mu}=\left[\lim_{-\frac{\mu}{N}\to 0}\left\{1+\left(-\frac{\mu}{N}\right)\right\}^{\left(\frac{1}{-\frac{\mu}{N}}\right)}\right]^{-\mu}=e^{-\mu}$$

3 負二項分配 (Negative Binomial Distribution)

每個個人的單獨購買行為，呈現卜瓦松分配；但如果以消費者全體觀之，則呈現「負二項分配」。

這種分配式，就是用來預測表1-1和表1-2時使用的分配式。數學上取其英文名稱的首字母，稱之為NBD模型，有時也簡稱為NBD。讓我們用紅球和白球的例子，看看負二項分配和二項分配、卜瓦松分配有什麼不同。

假設和剛才的二項分配時一樣，袋子裡裝有紅球和白球兩種球，全部共有n顆。其中紅球有θ顆，白球有n－θ顆。把袋裡的球充分攪動混合後，閉眼取出一顆球（隨機）。如果出現紅球，就多加上d顆紅球放回袋裡。如果出現白球，就多加d顆白球放回袋裡。這意味著這一次的選擇本身，將對下一次選擇有正向影響。也就是成功將喚來成功（數學上是呈伽瑪分配）。這一點，和二項分配、卜瓦松分配不同。重複這樣的操作N次。以下的式子，會以M和K表示。大寫的M、K代表的是品類的各該值，m_j、k_j則是代表品牌j的各該值。M、K的值，依品類、品牌而異。K與k_j的關係，將在之後的「支配營收的重要數學式」一節說明。

$$M\text{（}N\text{次中出現紅球的平均次數）}=N\cdot\frac{\theta}{n} \qquad \text{式(6)}$$

$$K=\frac{\theta}{d}\text{，}d>0 \qquad \text{式(7)}$$

接著，我們把 N 次中出現 r 次紅球的機率稱為 P_r。P_r 可用以下的式 (8) 求得。其中 $\Gamma(r+1)=r!$，這個函數是把階乘擴展為不只適用於正整數，而是包括所有實數。以下就是用來計算表 1-2 的「洗潔劑市場中不同購買次數的消費者，占整體購買者的比率（%）」時使用的數學式。

出現（購買）r 次的機率：$P_r=\dfrac{\left(1+\dfrac{M}{K}\right)^{-K}\cdot\Gamma(K+r)}{\Gamma(r+1)\cdot\Gamma(K)}\cdot\left(\dfrac{M}{M+K}\right)^{r}$

式 (8)

◆ 負二項分配式的推導

首先，讓我們先來看一個具體案例，之後再對一般化的數學式做說明。

A) 具體案例：當 N＝4，r（出現紅球的次數）＝2 時

紅球的出現方式，如下表所示，共有 $\dfrac{N!}{r!\ (N-r)\ !}=\dfrac{4!}{2!\ (4-2)\ !}$ $=3\cdot2=6$ 種。我們把出現紅球的時點以○表示，並把各個情況如表 9-2，稱為狀況 1、狀況 2 等。

表 9-2

情況代稱	第 1 次	第 2 次	第 3 次	第 4 次
狀況 1	○	○		
狀況 2	○		○	
狀況 3	○			○
狀況 4		○	○	
狀況 5		○		○
狀況 6			○	○

分別針對各個狀況計算機率。為了清楚強調紅球出現的時點，算式裡把每次抽取到紅球時的分子用（　）括起來。比方說狀況 1 時，第一次就出現紅球的機率是 $\frac{(\theta)}{n}$，第二次時由於整體紅球數量增加了 d 個，故成為 $\frac{(\theta+d)}{n+d}$。第三次時首度出現白球，所以分子是 $n-\theta$，分母由於是第三次，所以是 $n+2d$。從狀況 1 到狀況 6，比較整體情況，大家會發現，所有狀況的分母全都相同。仔細觀察分子，也會發現除了順序不同外，內容其實相同。由於四次裡有兩顆紅球、兩顆白球，所以分子都是 (θ)、$(\theta+d)$、$(n-\theta)$、$(n-\theta+d)$ 的組合，只是順序有所不同。像這樣，分母依取出球的次數而定，分子則依出現紅球的次數而定。不同的只是出現紅球的順序而已。從整體來看，每種狀況的機率都相同。

狀況 1：機率$=\frac{(\theta)}{n}\times\frac{(\theta+d)}{n+d}\times\frac{n-\theta}{n+2d}\times\frac{n-\theta+d}{n+3d}$

狀況 2：機率$=\frac{(\theta)}{n}\times\frac{n-\theta}{n+d}\times\frac{(\theta+d)}{n+2d}\times\frac{n-\theta+d}{n+3d}$

狀況 3：機率$=\frac{(\theta)}{n}\times\frac{n-\theta}{n+d}\times\frac{n-\theta+d}{n+2d}\times\frac{(\theta+d)}{n+3d}$

狀況 4：機率$=\frac{n-\theta}{n}\times\frac{(\theta)}{n+d}\times\frac{(\theta+d)}{n+2d}\times\frac{n-\theta+d}{n+3d}$

狀況 5：機率$=\frac{n-\theta}{n}\times\frac{(\theta)}{n+d}\times\frac{n-\theta+d}{n+2d}\times\frac{(\theta+d)}{n+3d}$

狀況 6：機率$=\frac{n-\theta}{n}\times\frac{n-\theta+d}{n+d}\times\frac{(\theta)}{n+2d}\times\frac{(\theta+d)}{n+3d}$

所求的機率（取出四次時出現兩顆紅球的機率）

$$P_2=6\times\left(\frac{\theta}{n}\times\frac{\theta+d}{n+d}\times\frac{n-\theta}{n+2d}\times\frac{n-\theta+d}{n+3d}\right)$$

B）一般化時

接下來讓我們思考，反覆取出球 N 次之際，紅球出現 r 次的機率 P_r 的情形。假設取出 N 次裡，紅球從一開始就連續出現 r 次的機率是 P，P 將如下所示：

$$P=\overbrace{\left\{\frac{\theta}{n}\times\frac{\theta+d}{n+d}\times\frac{\theta+2d}{n+2d}\times\cdots\times\frac{\theta+(r-1)\cdot d}{n+(r-1)\cdot d}\right\}}^{\text{紅球連續出現 } r \text{ 次的機率}}\times\overbrace{\left\{\frac{n-\theta}{n+rd}\times\frac{n-\theta+d}{n+(r+1)d}\times\cdots\times\frac{n-\theta+(N-r-1)\cdot d}{\underbrace{n+(N-1)d}_{n+(r+N-r-1)d}}\right\}}^{\text{之後，白球連續出現 } N-r \text{ 次的機率}}$$

和前面的具體案例一樣，紅球出現在第幾次，並沒有關係。各種 N 次裡出現 r 次紅球的情況，機率都和連續出現紅球時的機率 P 相同。排列 N 顆球時其中有 r 顆紅球的所有排列方式，根據式 (4)，是 $\frac{N!}{(N-r)!\cdot r!}$。所求的出現 r 次紅球的機率 P_r，就是這個所有排列方式，乘以 P 之後所得到的數字。

$$P_r=\overbrace{\frac{N!}{r!\cdot(N-r)!}\cdot\left\{\frac{\theta}{n}\times\frac{\theta+d}{n+d}\times\frac{\theta+2d}{n+2d}\times\cdots\times\frac{\theta+(r-1)\cdot d}{n+(r-1)\cdot d}\right\}}^{\text{第 }1\text{ 部分}}\times\overbrace{\left\{\frac{n-\theta}{n+rd}\times\frac{n-\theta+d}{n+(r+1)d}\times\cdots\times\frac{n-\theta+(N-r-1)\cdot d}{n+(N-1)d}\right\}}^{\text{第 }2\text{ 部分}}$$

以上的式子相當複雜，我把它分成第 1 和第 2 兩個部分，分別做公式變換後，再導出最後的式 (8)。

$$\text{第 1 部分}=\frac{N!}{r!\cdot(N-r)!}\cdot\left\{\frac{\theta}{n}\times\frac{\theta+d}{n+d}\times\frac{\theta+2d}{n+2d}\times\cdots\times\frac{\theta+(r-1)\cdot d}{n+(r-1)\cdot d}\right\}$$

$$=\frac{N\cdot\{N-1\}\cdot\{N-2\}\cdots\{N-(r-1)\}\cdot(N-r)!}{r!\cdot(N-r)!}\cdot\left\{\frac{\theta}{n}\times\frac{\theta+d}{n+d}\times\frac{\theta+2d}{n+2d}\times\cdots\times\frac{\theta+(r-1)\cdot d}{n+(r-1)\cdot d}\right\}$$

$$=\frac{N\cdot\{N-1\}\cdot\{N-2\}\cdots\{N-(r-1)\}}{r!}\cdot\left\{\frac{\theta}{n}\times\frac{\theta+d}{n+d}\times\frac{\theta+2d}{n+2d}\times\cdots\times\frac{\theta+(r-1)\cdot d}{n+(r-1)\cdot d}\right\}$$

$$=\frac{1}{r!}\times\frac{N\cdot\{N-1\}\cdot\{N-2\}\cdots\{N-(r-1)\}}{n\cdot\{n+d\}\{n+2d\}\cdots\{n+(r-1)\cdot d\}}\cdot\frac{\theta\cdot\{\theta+d\}\cdot\{\theta+2d\}\cdots\{\theta+(r-1)\cdot d\}}{1}$$

$$=\frac{1}{r!}\times\left\{\frac{\left(\frac{1}{n}\right)^{r-1}}{\left(\frac{1}{n}\right)^{r-1}}\right\}\times\left[\frac{N}{n}\right]\cdot\left[\frac{N-1}{n+d}\right]\cdot\left[\frac{N-2}{n+2d}\right]\cdots\left[\frac{N-(r-1)}{n+(r-1)\cdot d}\right]\cdot\frac{\theta\cdot\{\theta+d\}\cdot\{\theta+2d\}\cdots\{\theta+(r-1)\cdot d\}}{1}$$

$$=\frac{1}{r!}\times\overbrace{\left[\frac{N}{n}\right]\cdot\left[\frac{\frac{N}{n}-\frac{1}{n}}{1+\frac{d}{n}}\right]\cdot\left[\frac{\frac{N}{n}-\frac{2}{n}}{1+\frac{2d}{n}}\right]\cdots\left[\frac{\frac{N}{n}-\frac{(r-1)}{n}}{1+\frac{(r-1)}{n}\cdot d}\right]}^{\text{共 }r\text{ 項}}\cdot\frac{\theta\cdot\{\theta+d\}\cdot\{\theta+2d\}\cdots\{\theta+(r-1)\cdot d\}}{1}$$

把$\frac{N}{n}$固定，當 N→∞、n→∞時，會變成

$$\lim_{n\to\infty}\frac{1}{n}=0,\cdots,\lim_{n\to\infty}\frac{(r-1)}{n}=0,\lim_{n\to\infty}\frac{d}{n}=0,\cdots,\lim_{n\to\infty}\frac{(r-1)\cdot d}{n}=0$$

$$=\frac{1}{r!}\times\cdot(\frac{N}{n})^{r}\cdot\overbrace{\theta\cdot\{\theta+d\}\cdot\{\theta+2d\}\cdots\{\theta+(r-1)\cdot d\}}^{\text{共}r\text{項}}$$

$$=\frac{1}{r!}\times\frac{\theta\cdot\frac{N}{n}\cdot\left\{\theta\cdot\frac{N}{n}+d\cdot\frac{N}{n}\right\}\cdot\left\{\theta\cdot\frac{N}{n}+2d\cdot\frac{N}{n}\right\}\cdots\left\{\theta\cdot\frac{N}{n}+(r-1)\cdot d\cdot\frac{N}{n}\right\}}{1}$$

根據式 (6) 和式 (7)，

代入$\theta\cdot\frac{N}{n}=N\cdot\frac{\theta}{n}=M=M\cdot\frac{K}{K},\quad d\cdot\frac{N}{n}=\left(\frac{d}{\theta}\right)\cdot\left(\frac{\theta\cdot N}{n}\right)=\frac{M}{K}$ 。

$$=\frac{1}{r!}\times\frac{\left\{M\cdot\frac{K}{K}\right\}\cdot\left\{M\cdot\frac{K}{K}+\frac{M}{K}\right\}\cdot\left\{M\cdot\frac{K}{K}+2\cdot\frac{M}{K}\right\}\cdots\left\{M\cdot\frac{K}{K}+(r-1)\cdot\frac{M}{K}\right\}}{1}$$

$$=\frac{1}{r!}\times\left(\frac{M}{K}\right)^{r}\cdot\frac{K\cdot\{K+1\}\cdot\{K+2\}\cdots\{K+(r-1)\}}{1}$$

$$=\frac{1}{r!}\times\left(\frac{M}{K}\right)^{r}\cdot\frac{\{K+(r-1)\}\cdots\{K+2\}\cdot\{K+1\}\cdot K\times\{(K-1)\cdot(K-2)\cdots 1\}}{\{(K-1)\cdot(K-2)\cdots 1\}}$$

$$=\frac{1}{r!}\times\left(\frac{M}{K}\right)^{r}\cdot\frac{\Gamma(K+r)}{\Gamma(K)}$$

式 (9)

$\Gamma(5) = 4\cdot 3\cdot 2\cdot 1$

接著進行第 2 部分的變換。

$$第2部分=\left\{\frac{n-\theta}{n+rd}\times\frac{n-\theta+d}{n+(r+1)d}\times\cdots\times\frac{n-\theta+(N-r-1)d}{n+(N-1)d}\right\}$$

根據式 (7)， $\theta=K\cdot d$

$$=\left\{\frac{n-Kd}{n+rd}\times\frac{n-Kd+d}{n+(r+1)d}\times\frac{n-Kd+2d}{n+(r+2)d}\times\cdots\frac{\overbrace{n-Kd+(K+1)d}^{n+d}}{n+(K+1)d}\cdots\times\frac{\overbrace{n-Kd+(N-r-1)d}^{n+(N-r-K-1)d}}{n+(N-1)d}\right\}$$

以上式子過於複雜，讓我分成分子和分母說明。由於（ ）太多，為便於閱讀，我把一部分（ ）改用頂線，如 $\overline{K+r-1}$ 這樣的表達方式。首先來看看分子的部分：

$$分子=\overbrace{(n-Kd)\cdot(n-Kd+d)\cdots\overbrace{(n-Kd+\overline{K+r-1}d)}^{n+\overline{r-1}d}}^{分子第1區塊：共(K+r)項}\times\overbrace{\overbrace{(n-Kd+\overline{K+r}d)}^{n+rd}\cdots\overbrace{(n-Kd+\overline{N-r-1}d)}^{n+\overline{N-r-K-1}d}}^{分子第2區塊：共(N-2r-K)項}$$

分子的第一項是 $n-Kd$，最後一項是 $n-Kd+(N-r-1)d$，每一項增加一個 d，故全部共有 $(N-r-1)-0+1=N-r$ 項。令 $N>r>0$、$N-r-K-1>0$，K 為整數，而分子從 $n-Kd$ 開始，每項增加 d，到第 $K+r$ 項時，將變成 $n-Kd+(K+r-1)d=n+(r-1)d$，而第 $K+r+1$ 項則為 $n+rd$。由於全部共有 $N-r$ 項，每項增加 d，所以最後一項為 $n-Kd+(N-r-1)d=n+(N-r-K-1)d$。讓我們把分子第一項到第 $(K+r)$ 項視為分子第 1 區塊，第 $(K+r+1)$ 項到最後一項視為分子第 2 區塊。

$$\text{分母}=\overbrace{(n+rd)\cdot(n+\overline{r+1}d)\cdots(n+\overline{N-r-K-1}d)}^{\text{分母第 1 區塊：共}(N-2r-K)\text{項}}\cdot\overbrace{(n+\overline{N-r-K}d)\cdots(n+\overline{N-1}d)}^{\text{分母第 2 區塊：共}(K+r)\text{項}}$$

在分母方面，分母第一項是 $n+rd$，每一項增加一個 d，最後一項為 $n+(N-1)d=n+rd+(N-r-1)d$。所以分母也一樣有 $(N-r-1)-0+1=N-r$ 項。由第一項開始起算的第 $N-2r-K$ 項，會成為 $n+rd+(N-2r-K-1)d=n+(N-r-K-1)d$，跟分子的最後一項相同。如果我們把分母第一項到第 $N-2r-K$ 項視為分母第 1 區塊，則這區塊和分子第 2 區塊相同，兩者可相消。

把分子和分母一起秀出來的話：

$$=\frac{\overbrace{(n-Kd)\cdot(n-Kd+d)\cdots\overbrace{(n-Kd+\overline{K+r-1}d)}^{n+\overline{r-1}d}}^{\text{分子第 1 區塊：共}(K+r)\text{項}}}{\underbrace{(n+rd)\cdot(n+\overline{r+1}d)\cdots(n+\overline{N-r-K-1}d)}_{\text{分母第 1 區塊：共}(N-2r-K)\text{項}}}\times\frac{\overbrace{\overbrace{(n-Kd+\overline{(K+r)}d)}^{n+rd}\cdots\overbrace{(n-Kd+\overline{(N-r-1)}d)}^{n+\overline{N-r-K-1}d}}^{\text{分子第 2 區塊：共}(N-2r-K)\text{項}}}{\underbrace{(n+\overline{N-r-K}d)\cdots(n+\overline{N-1}d)}_{\text{分母第 2 區塊：共}(K+r)\text{項}}}$$

$$\text{第 2 部分}=\frac{\overbrace{(n-Kd)\cdot(n-Kd+d)\cdots(n-Kd+\overline{K+r-1}d)}^{\text{分子第 1 區塊：共}(K+r)\text{項}}}{\underbrace{(n+\overline{N-r-K}d)\cdots(n+\overline{N-1}d)}_{\text{分母第 2 區塊：共}(K+r)\text{項}}}\quad\text{代入}Kd=\theta$$

$$=\frac{(n-\theta)\cdot(n-\theta+d)\cdot(n-\theta+2d)\cdots(n+\overline{r-1}d)}{(n-\theta+\overline{N-r}d)\cdot(n-\theta+\overline{N-r+1}d)\cdots(n+\overline{N-1}d)}\times\frac{\left(\dfrac{1}{n}\right)^{K+r}}{\left(\dfrac{1}{n}\right)^{K+r}}$$

$$=\frac{\left(1-\dfrac{\theta}{n}\right)\cdot\left(1-\dfrac{\theta}{n}+\dfrac{d}{n}\right)\cdot\left(1-\dfrac{\theta}{n}+\dfrac{2d}{n}\right)\cdots\left(1+\dfrac{r}{n}d-\dfrac{d}{n}\right)}{\left(1-\dfrac{\theta}{n}+\dfrac{N}{n}d-\dfrac{r}{n}d\right)\cdot\left(1-\dfrac{\theta}{n}+\dfrac{N}{n}d-\dfrac{r}{n}d+\dfrac{1}{n}d\right)\cdots\left(1+\dfrac{N}{n}d-\dfrac{1}{n}d\right)}$$

把 $\frac{N}{n}$ 固定，當 $n\to\infty$、$N\to\infty$ 時，會變成 $\frac{\theta}{n}\to 0$、$\frac{r}{n}\to 0$、$\frac{d}{n}\to 0$，所以整個分子變成 1。而分母的每一項則變成$(1+\frac{N}{n}d)$，一共有 K+r 項。

根據式(6)和式(7)，$\frac{N}{n}d=\frac{N}{n}\times\frac{\theta}{\theta}\times d=\left(N\cdot\frac{\theta}{n}\right)\cdot\left(\frac{d}{\theta}\right)=\frac{M}{K}$

$$=\left(\frac{1}{1+\frac{N}{n}d}\right)^{K+r}=\left(\frac{1}{1+\frac{M}{K}}\right)^{K+r}$$ 式(10)

把第 1 部分的式(9)和第 2 部分的式(10)彙總在一起，

$$=(\text{第 1 部分})\times(\text{第 2 部分})=\frac{1}{r!}\times\left(\frac{M}{K}\right)^{r}\cdot\frac{\Gamma(K+r)}{\Gamma(K)}\cdot\left(\frac{1}{1+\frac{M}{K}}\right)^{K+r}$$

$$=\frac{1}{\Gamma(r+1)}\cdot\frac{\Gamma(K+r)}{\Gamma(K)}\left(\frac{M}{K}\right)^{r}\left(\frac{1}{1+\frac{M}{K}}\right)^{r}\cdot\left(\frac{1}{1+\frac{M}{K}}\right)^{K}=\frac{1}{\Gamma(r+1)}\cdot\frac{\Gamma(K+r)}{\Gamma(K)}\cdot\left(\frac{M}{K+M}\right)^{r}\left(\frac{K}{K+M}\right)^{K}$$

$$\text{NBD（出現 r 次紅球的機率}\mid\text{M,K）}=\frac{\left(1+\frac{M}{K}\right)^{-K}\cdot\Gamma(K+r)}{\Gamma(r+1)\cdot\Gamma(K)}\cdot\left(\frac{M}{M+K}\right)^{r}$$

式(11)

最終我們導出的就是式(8)，一開始有 θ 個紅球時，出現 r 次紅球的機率。這個式子能告訴我們，消費者當中的幾 %，購買了幾次的品類、品牌。

我們可以用這個式子來計算滲透率。把 $r=0$、$\Gamma(1)=1$ 代入式(11)，計算連一次都沒買過的消費者比例，再用 100% 去減。

$$Pen=1-\frac{\left(1+\frac{M}{K}\right)^{-K}\cdot\Gamma(K+0)}{\Gamma(0+1)\cdot\Gamma(K)}\cdot\left(\frac{M}{M+K}\right)^{0}=1-\left(1+\frac{M}{K}\right)^{-K} \quad \text{式(12)}$$

4 「卜瓦松分配」與「負二項分配（NBD）」之整理歸納

由消費者個人角度彙總對品類及品牌 j 的購買行為，結果如以下四點：

A）對品類及品牌的購買行為的機制（分配式），完全相同。

B）如果聚焦於單一消費者 i（Ci），依時間序列觀察其單位期間的購買次數，會呈現「卜瓦松分配」。以上兩點以數學來表示的話：

R_i（單位期間個人 i 對品類的購買次數）～ $Poisson(\mu_i)$

r_{ji}（單位期間個人 i 對品牌 j 的購買次數）～ $Poisson(\lambda_{ji})$

μ_i：單位期間消費者（i）對品類的長期平均購買次數（常數）

λ_{ji}：單位期間消費者（i）對品牌j的長期平均購買次數（常數）

C）觀察整體消費者於特定期間的行為，其購買次數是呈現「負二項分配」（NBD）。

D）綜合以上兩點，消費者個人每單位期間的長期品類平均購買次數（μ），和對品牌 j 的長期平均購買次數（λ_j），分別呈伽瑪分配$\left(K,\frac{M}{K}\right)$以及伽瑪分配$\left(k_j,\frac{m_j}{k_j}\right)$。

以數學式表示的話：

μ（單位期間的品類購買次數）$\sim Gamma\left(K,\frac{M}{K}\right)$

λ_j（單位期間的品牌 j 購買次數）$\sim Gamma\left(k_j,\frac{m_j}{k_j}\right)$

第 2 章的圖 2-2，就出現了三個伽瑪分配（M＝5，K 分別為 1、3、15），也就是 $Gamma(1,5), Gamma\left(3,\frac{5}{3}\right), Gamma\left(15,\frac{5}{15}\right)$。本章會在之後介紹狄利克雷 NBD 模型時，對伽瑪分配做更詳細的說明。至於現在，請大家暫時先記住：A）個人層級呈卜瓦松分配，B）整體消費者層級的長期平均值 μ、λ_j，呈伽瑪分配。當這兩項前提成立時，整體消費者於特定期間的實際購買機率，呈負二項分配。

表 9-3 個人別、品類單位期間別的購買活動

消費者別、連續的單位期間別購買次數					橫向分配（參數）	單位期間內長期平均購買次數
消費者	期間 1	…	期間 t	…		
C_1	R_{11}	…	R_{1t}	…	$R_1 \sim Poisson(\mu_1)$	μ_1
⋮	⋮	⋮	⋮	⋮	⋮	⋮
C_i	R_{i1}	…	R_{it}	…	$R_i \sim Poisson(\mu_i)$	μ_i
⋮	⋮	⋮	⋮	⋮	⋮	⋮
C_{N_c}	R_{N_c1}	…	R_{N_ct}	…	$R_{N_c} \sim Poisson(\mu_{N_c})$	μ_{N_c}
縱向分配	$R \sim NBD(K,M)$	…	$R \sim NBD(K,M)$	…	—	$\mu \sim Gamma(K, \frac{M}{K})$
平均值	$M=\frac{\sum_{i=1}^{N_c} R_{i1}}{N_c}$	…	$M=\frac{\sum_{i=1}^{N_c} R_{it}}{N_c}$	…	$E(R)=M$	$E(\mu)=M$

表 9-4 個人別、品牌 j 單位期間別的購買活動

消費者別、連續的單位期間別購買次數					橫向分配（參數）	單位期間內長期平均購買次數
消費者	期間 1	…	期間 t	…		
C_1	$r_{j1\text{-}1}$	…	$r_{j1\text{-}t}$	…	$r_{j1} \sim Poisson(\lambda_{j1})$	λ_{j1}
⋮	⋮	⋮	⋮	⋮	⋮	⋮
C_i	$r_{ji\text{-}1}$	…	$r_{ji\text{-}t}$	…	$r_{ji} \sim Poisson(\lambda_{ji})$	λ_{ji}
⋮	⋮	⋮	⋮	⋮	⋮	⋮
C_{N_c}	$r_{jN_c\text{-}1}$	…	$r_{jN_c\text{-}t}$	…	$r_{jN_c} \sim Poisson(\lambda_{jN_c})$	λ_{jN_c}
縱向分配	$r_j \sim NBD(k_j,m_j)$	…	$r_j \sim NBD(k_j,m_j)$	…	—	$\lambda_j \sim Gamma(k_j, \frac{m_j}{k_j})$
平均值	$m_j=\frac{\sum_{i=1}^{N_c} r_{ji-1}}{N_c}$	…	$m_j=\frac{\sum_{i=1}^{N_c} r_{ji-t}}{N_c}$	…	$E(r_j)=m_j$	$E(\lambda_j)=m_j$

把上述內容彙整為表格，就是表 9-3 和表 9-4。表 9-3 表示品類全體，表 9-4 則以品牌 j 為代表，表示消費者在品牌層級的購買行為。

R_{it}（常數）表示消費者 i 在某單位期間 t（比方以一星期為單位的第三十週）當中，對品類的購買次數。

$r_{ji\text{-}t}$（常數）則表示消費者 i 在某單位期間 t，對品牌 j 的購買次數。$1 \cdots i \cdots N_c$ 為消費者編號，$1 \cdots j \cdots g$ 則表示品牌編號。

5 支配營收的重要數學式（偏好、K 的真正意涵）

我們目的之一的營收（品牌 j 的購買次數），在數學式裡，是以平均值（m_j）表示。為了讓讀者能用直覺理解這個關係著營收的重要數學式，我用前面說明紅球、白球時用過的記號，整理成表 9-5。品牌以品牌（j）為代表，消費者個人層級則以消費者（i）為代表。

注：$M=\sum_{j=1}^{g} m_j \leftrightarrow \theta=\sum_{j=1}^{g} \theta_j$ 這使得 n 和 N 在品牌層級和品類層級會變得相同。我們並假設個人 i 的球數為 n_i，取出球的次數為 N_i。如此一來如下所示，$\frac{N_i}{n_i}$ 會變得等於 $\frac{N}{n}$。因為

$$\theta_j \times \frac{N}{n}=(\sum_{i=1}^{N_C}\theta_{ji}) \times \frac{N}{n}=\sum_{i=1}^{N_C}\left(\theta_{ji} \times \frac{N_i}{n_i}\right) \leftrightarrow \sum_{i=1}^{N_C}\left\{\theta_{ji}\left(\frac{N}{n}-\frac{N_i}{n_i}\right)\right\}=0 \rightarrow \frac{N_i}{n_i}=\frac{N}{n}$$

如果 d（加進去的球數）固定，品類的 K 就會等於各品牌的 k_j 之總和，而 $k_j=K \times \frac{m_j}{M}=K \times$（單位占比）。以洗衣精而言，用

這算式算出來的 k_j，和依品牌分別由式（12）算出來的 k_j，畫成圖表，會排列成幾乎直線狀。這告訴我們，d_j 不太會在品牌之間做變化。

$$\theta=\sum_{j=1}^{g}\theta_j \rightarrow K=\frac{\theta}{d}=\frac{\sum_{j=1}^{g}\theta_j}{d}=\sum_{j=1}^{g}\frac{\theta_j}{d}=\sum_{j=1}^{g}k_j$$

表 9-5　與營收相關的重要數學式一覽

卜瓦松分配〔各為個人層級〕		
項目	品類	品牌 (j)
長期平均購買次數	$\mu_i=\frac{\theta_{\cdot i}\text{（紅球數量）}}{n\text{（總球數）}}\times N$（取出球的次數）	$\lambda_{ji}=\frac{\theta_{ji}}{n}\times N$

負二項分配〔全體消費者〕		
項目	品類	品牌 (j)
期望的平均購買次數	M（紅球的平均次數）$=\frac{\theta}{n}\times N$	m_j（平均次數）$=\frac{\theta_j}{n}\times N$
參數	$K=\frac{\theta\text{（剛開始時的紅球數）}}{d\text{（每次增加的球數）}}$	$k_j=\frac{\theta_j}{d_j}$
變異數	$M\left(1+\frac{M}{K}\right)=\theta\cdot\frac{N}{n}\left(1+d\cdot\frac{N}{n}\right)$	$m_j\left(1+\frac{m_j}{k_j}\right)=\theta_j\cdot\frac{N}{n}\left(1+d_j\cdot\frac{N}{n}\right)$
滲透率	$P_{en}=1-\left(1+\frac{M}{K}\right)^{-K}=1-\left(1+d\cdot\frac{N}{n}\right)^{-\frac{\theta}{d}}$	$P_{en}=1-\left(1+\frac{m_j}{k_j}\right)^{-k_j}=1-\left(1+d_j\cdot\frac{N}{n}\right)^{-\frac{\theta_j}{d_j}}$
	$P_{en}\frac{d}{d\theta}=\frac{1}{d}log\left(1+d\cdot\frac{N}{n}\right)\cdot\left(1+d\cdot\frac{N}{n}\right)^{-\frac{\theta}{d}}>0$	$P_{en}\frac{d}{d\theta_j}=\frac{1}{d_j}log\left(1+d_j\cdot\frac{N}{n}\right)\cdot\left(1+d_j\cdot\frac{N}{n}\right)^{-\frac{\theta_j}{d_j}}>0$

$$k_j=\frac{\theta_j}{d_j}=\frac{\theta_j}{d}=\frac{\theta}{d}\times\frac{\theta_j}{\theta}=K\times\frac{m_j}{M}\qquad\text{式（13）}$$

機率上，品牌 j 的期望平均購買次數 m_j，相當於把袋子裡一開始的品牌 j 紅球比率 $\frac{\theta_j}{n}$，乘上取出球的次數 N。而我們該著眼的品牌j被選擇的機率（偏好），在個人層級是以 $\frac{\theta_{ji}}{n}$，在消費者全體層級是以 $\frac{\theta_j}{n}$ 表示。購買次數和滲透率，是來自這項機率，以及我們無法直接控制的「從袋子裡取出球的次數」N的結果。偏好（消費者相對好感度）的真正意涵，就是該事物被所有人選中的機率的總和。θ_{ji} 有如某個人（i）在AKB總選舉中投給j子的票數，$\theta_j = \sum_{i=1}^{Nc} \theta_{ji}$ 則是所有人對於j子的總投票數。

雖然概念上是這樣，但因為我們無法直接測量 $\frac{\theta_j}{n}$，所以要實際測量偏好，就要用到第六章裡介紹的BP-10，或是概念測試中的購買意向（請參閱第六章的式(3)和式(4)）。

這裡必須注意的是，千萬別把取出球的次數N，和品類的購買次數搞混了。這裡的N，也包括了被馬踢到而死亡的機率一節中所提到的，抽到數量占壓倒性多數、什麼事也沒發生（什麼都沒買）的白球次數在內。

另一個參數（k_j），是用一開始就在裡面的紅球數（θ_j），除以每次加進袋裡的球數（d_j）所得到的值，它是 θ_j 的函數。如同變異數的計算式所示，紅球越多（偏好增加），變異數就會變得越大，而正如滲透率對θ的微分（為正值）所表示的，就會擴散到更多人身上。當市場結構上（NBD）偏好提高，就會擴散到更多人，使得變異數變大。

最後要對 d 做一下說明。d 是「被選上的這件事本身，會對下次被選上的機率造成良性影響」的要素。比方馬路上碰巧有個坑洞，每當有車從那上面輾過去時，就會讓洞變得更大，造成更多車子開過那個洞。這樣的情況不斷重複，使坑洞越來越大。d 就表示這樣的機制，以及每次變大的程度。

6 狄利克雷 NBD 模型（NBD-Dirichlet model）

狄利克雷 NBD 模型，是把「負二項分配」（NBD）的概念更加擴張的模型，它可以告訴我們品類裡不同品牌之間的關係。它不適用於像香菸這種不符合模型基本假說的非常規則性購買的商品，或是短期間劇烈變化的品類。以下的式(14)的 $P_r(R,\ r_1,\ r_2,\ \cdots,\ r_j,\ \cdots,\ r_g)$，指的是期間 T 裡購買品類的總次數是 R 次，而在 R 次裡面，購買品牌 1＝r_1 次、品牌 j＝r_j 次、品牌 g＝r_g 次的消費者，占全體家庭的比例。表 1-4 的各品牌預測，是代入依據季購買頻率所得的市占率、品類的所有家庭平均購買次數（M＝1.46 次）、NBD 的 K（K＝0.78）、模型特有的參數 S（S＝1.2）後計算而得。由於全年的預測值等於單位期間一季的四倍，所以代入 M×T＝1.46 次 ×4＝5.84 次，同樣以式(14)計算。其他代入的數值，都與季資料相同。

$$P_r(R,\ r_1, r_2, \cdots, r_j, \cdots, r_g) = \frac{\Gamma(S)}{\Pi_{j=1}^{g}\Gamma(\alpha_j)} \cdot \frac{\Pi_{j=1}^{g}\Gamma(r_j+\alpha_j)}{\Gamma(S+R)} \cdot \frac{1}{\Pi_{j=1}^{g} r_j!} \cdot \frac{\Gamma(R+K)}{\Gamma(K)} \cdot \left(1+\frac{K}{M \cdot T}\right)^{-R} \cdot \left(1+\frac{M \cdot T}{K}\right)^{-K}$$

式(14)

$\alpha_j = S \times$（依據品牌 j 購買頻率所得的市占率）　　式(15)

$S = \sum_{j=1}^{g} \alpha_j$　　式(16)

這個模型如表 1-3 所示，可適用於範圍廣大的品類，對於理解我們每天面對的品類基本結構，非常有幫助。也就是說，現實中的消費者購買行為，幾乎是如同假說一般地進行。以下對於第一章裡介紹過的假說，用比較「數學」的方式再說明一次。

假說：

1) 個別消費者的購買行為是獨立事件（每一位消費者都獨自做出購買決策）。

2) 購買行為隨機發生。

3) 個別消費者（C_i）對於特定品類，具有長期平均值 μ_i（對於某特定品類大約抱持著一定的偏好）。個別消費者（C_i）在某單位期間的品類購買次數（R_i），呈卜瓦松分配。$R_i \sim Poisson(\mu_i)$

4) 對品類的長期平均購買次數（μ），每個消費者皆不同，是呈伽瑪分配。$\mu \sim Gamma\left(K, \frac{M}{K}\right)$

5) 各消費者在期間 T 裡對各品牌購買次數（r_j）的差異，

呈伽瑪分配（α_j,β）。如果把上述第4項的假說套用到品牌層級，就會得到長期平均購買次數（λ_j）呈伽瑪分配 $\lambda_j \sim Gamma\left(k_j, \frac{m_j}{k_j}\right)$。本項假說，就是把這項結果套用在期間T裡各品牌的購買次數（r_j）。不同的是，α 在品牌之間不同，但 β 則是在品牌間維持一定。這項關於購買次數（r_j）的假說，其結果告訴我們選擇品牌的機率（p），呈狄利克雷分配（Dirichlet Distribution）。只是，原本如果把 1) ～ 4) 的假說套用在品牌的話，結果是各品牌在期間 T 裡的購買次數（r_j）是呈負二項分配。所以本項假說是伽瑪分配，近似於負二項分配（NBD）。

6) 各消費者對各品牌具有一定的購買機率，品牌的購買次數（r）呈多項分配（Multinomial Distribution）。每個人在購買該品類時的品牌購買機率（p），長期會維持一定，只是購買當時會選擇哪個品牌，則是隨機的。

7) 每個人對品類的平均購買次數，與每個人選擇各品牌的機率，兩者是互相獨立的。也就是說，不會發生「特定品類購買次數的消費者，以特定機率購買特定品牌」的情形。

上述的 1) 到 4)，是和 NBD 相同的假說。用數學式的概念表達 1) ～ 7) 的假說，結果就是式 (17)。

$$P(R, r_1, r_2, \cdots, r_j, \cdots, r_g)$$

$$= \{Multinomial(r \mid p, R) \widehat{p}\, Dirichlet\{p \mid \alpha\}\} \widehat{R} \underbrace{\left\{Poisson(R \mid \mu T) \widehat{\mu}\, Gamma\left(\mu \mid K, \frac{M}{K}\right)\right\}}_{NBD}$$

式（17）

這個數學式的意義如下。分配式的型態是寫成「某某分配（變數 | 參數）」；$\widehat{X}$ 表示依照其後的分配式分配。比方說，卜瓦松分配下的長期單位期間的品類平均購買次數 μ，是呈現以 $\left(K, \frac{M}{K}\right)$ 為參數的伽瑪分配。接著，讓我們從各消費者（C_i）的層級依序觀之。品類的購買行為，呈現以每單位期間的平均購買次數（μ_i）乘上期間 T 的以（μ_iT）為參數的卜瓦松分配；而 μ 在各消費者之間都不同，是呈伽瑪分配。品類購買次數（R）的分配，就由以上這些決定。品類購買次數別的品牌間的購買狀況也是相同（假說 7）。而各品牌的購買次數（r）由多項分配決定；各品牌的購買機率（p_j）則呈現以（α_j）為參數的狄利克雷分配。表 9-6 依期間 T 之下的品牌別，彙整了這些分配式彼此之間的關係。(E) 欄是為了讓它們與 NBD 模型的關係更加清楚，附加做為參考用。(E) 欄中有使用到的，只有品類的分配 $R \sim NBD(K, MT)$。

表 9-6 期間 T 裡的品類、品牌別購買行為分配式一覽

	期間 T				單位期間
品牌（j）	購買次數	購買機率 $1 \geq p \geq 0$	$r \sim Gamma(\alpha, \beta)$ 為了狄利克雷分配的假設	購買次數的分配式	長期平均值的分配
（A）	（B）	（C）	（D）	（E）	（F）
品牌$_1$	r_1	p_1	$r_1 \sim Gamma(\alpha_1, \beta)$	$r_1 \sim NBD(k_1, m_1T)$	$\lambda_1 \sim Gamma(k_1, \frac{m_1}{k_1})$
⋮	⋮	⋮	⋮	⋮	⋮
品牌$_j$	r_j	p_j	$r_j \sim Gamma(\alpha_j, \beta)$	$r_j \sim NBD(k_j, m_jT)$	$\lambda_j \sim Gamma(k_j, \frac{m_j}{k_j})$
⋮	⋮	⋮	⋮	⋮	⋮
品牌$_g$	r_g	$1-\sum_{j=1}^{g-1} P_j$	$r_g \sim Gamma(\alpha_g, \beta)$	$r_g \sim NBD(k_g, m_gT)$	$\lambda_g \sim Gamma(k_g, \frac{m_g}{k_g})$
品類	R	100%	$R \sim Gamma(S, \beta)$	$R \sim NBD(K, MT)$	$\mu \sim Gamma(K, \frac{M}{K})$
縱向分配其他	$p \sim Dirichlet(\alpha)$ $r \sim Multinomial(p, R)$		$E[r_j] = \alpha_j \cdot \beta = m_jT$ $S = \sum_{j=1}^{g} \alpha_j$	$E[R] = MT$ $= \sum_{j=1}^{g} m_jT$	$E(\mu) = \sum_{j=1}^{g} E(\lambda_j) = M$

式 (17) 相當複雜，讓我分成兩個部分來說明。

$$P(R, r_1, r_2, \cdots, r_j, \cdots, r_g)$$

$$= \underbrace{\left\{Multinomial(r \mid p, R) \hat{p}\, Dirichlet\{p \mid \alpha\}\right\}}_{\text{第 2 部分}} \hat{R} \underbrace{\left\{Poisson(R \mid \mu T) \hat{\mu}\, Gamma\left(\mu \mid K, \frac{M}{K}\right)\right\}}_{\text{第 1 部分 (NBD)}} \quad \text{式 (17)}$$

第 1 部分：

A) **伽瑪分配與 S 的真正意涵：**

伽瑪分配是著眼於卜瓦松分配中的次數，把它變換成從時間軸觀察購買 r 次機率的一種連續函數。但請大家不要拘泥於時間軸。重要的是，它能適用在連續變化的事物上，以及能夠反映「成功招致成功」的現象。

簡單來說，伽瑪分配是能夠表達「某事件的發生，會更提高該事件發生的機率」的一種機率分配。馬路上如果出現一個坑洞，人、車就容易輾過那個洞，使得坑洞越來越大。如果某藝人上了一個電視通告，表現得宜，就會接到更多節目的通告，使知名度越來越高，也隨之越來越紅。相反地，如果罹患一種病，就容易連帶感染其他疾病，有時會陷入疾病招來疾病的輪迴。這些都屬於機率上的伽瑪分配。

伽瑪分配包含兩個參數（母數），通常以（α,β）表示。α 決定分配的形狀，β 則決定規模（尺度）。其平均值是 α.β，變異數是 $\alpha.\beta^2$。把品牌購買次數 r 當作變數的分配式，如下所示：

$$Gamma(r \mid \alpha,\beta)=\frac{(r)^{\alpha-1}}{\Gamma(\alpha)\cdot\beta^{\alpha}}\cdot e^{-\frac{r}{\beta}} \quad \text{式(18)}$$

平均值（mean）為 $\alpha\cdot\beta$　　式(19)

變異數（variance）為 $\alpha\cdot\beta^2$　　式(20)

伽瑪分配存在「加法原則」的特性。請看表 9-6 的（D）欄。$r_j \sim Gamma(\alpha_j, \beta)$，$R=\sum_{j=1}^{g} r_j$。根據這個加法原則，$R$ 的分配式為 $R \sim Gamma(\sum_{j=1}^{g}\alpha_j, \beta)$。由於 $S=\sum_{j=1}^{g}\alpha_j$，根據式(19)，$E(R)=S\beta=MT \rightarrow \beta=\frac{MT}{S}, S=\frac{MT}{\beta}$（$S$ 為 M 的函數→ S 為偏好的

圖 9-1　伽瑪分配 (S,β) 與 NBD(K,M) 之比較

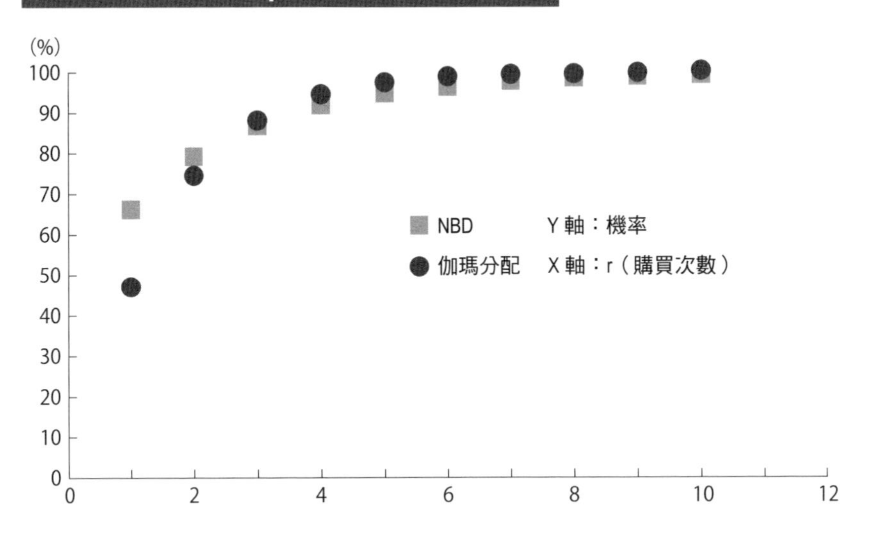

函數）。由於$E[r_j]=\alpha_j\cdot\beta$，可得到$\alpha_j=\dfrac{m_jT}{\beta}=\dfrac{m_jT}{1}\times\dfrac{S}{MT}=S\times\dfrac{m_j}{M}$

也就是式(15)。由於 $R\sim NBD(K,MT)$，並根據假設 $R\sim Gamma(S,\beta)$，使得 S 和 β 近似於 $NBD(K,MT)$ 的參數。讓我們來看看表 1-4 的潔牙粉季度資料（K＝0.78，M＝1.46，T＝1，S＝1.20，β＝1.22），來確認這件事。圖 9-1 顯示出，購買機率如何隨著購買次數的增加而增加。由於 β 在變換為狄利克雷之際會被消除，所以使用狄利克雷 NBD 模型時，需要計算的只有 S。S 的計算方式，請參閱卷末解說 2。最後是 $E(R)=E(\mu\cdot T)$。因為 $\mu\cdot T\sim Gamma\left(K,\dfrac{MT}{K}\right)$，所以如果 $R\sim Gamma\left(K,\dfrac{MT}{K}\right)$，則 S ＝ K。

以上，是否對於 S 是什麼有大致上的理解了呢？

B) 從卜瓦松分配與伽瑪分配，到負二項分配：

當卜瓦松分配的 μ_i，依照以 $K, \frac{M}{K}$ 為參數的伽瑪分配做分配時，就成為負二項分配。讓我們用數學式來檢視這件事。代入卜瓦松分配式、伽瑪分配式裡的參數。$Poisson(R \mid \mu T)$，是以 μT（T 期間裡個人別的品類平均購買次數）為參數的 R 的函數。當 μT 確定時，會顯示個人的品類購買次數（R）的機率。$Gamma\left(\mu \mid K, \frac{M}{K}\right)$ 則是在 $K, \frac{M}{K}$ 確定時，顯示每個人在單位期間的品類平均購買次數 μ 如何分配。所以，如果我們把這兩個分配式相乘，對 μ 做積分，就可以得到全體消費者的品類購買次數（R）的機率。

$$Poisson(R \mid \mu T) = \frac{(\mu \cdot T)^R \cdot e^{-\mu T}}{R!},\ Gamma\left(\mu \mid K, \frac{M}{K}\right) = \frac{\mu^{K-1}}{\Gamma(K) \cdot \left(\frac{M}{K}\right)^K} \cdot e^{-\frac{\mu}{\left(\frac{M}{K}\right)}}$$

$$\left\{Poisson(R \mid \mu T) \hat{\mu}\, Gamma\left(\mu \mid K, \frac{M}{K}\right)\right\}$$

$$= \int_0^\infty \left\{\frac{(\mu \cdot T)^R \cdot e^{-\mu T}}{R!}\right\} \cdot \left\{\frac{\mu^{K-1}}{\Gamma(K) \cdot \left(\frac{M}{K}\right)^K} \cdot e^{-\mu \cdot \frac{K}{M}}\right\} d\mu$$

$$= \int_0^\infty \frac{\left(\frac{M}{K}\right)^{-K} \cdot (T)^R}{R!} \cdot \frac{\mu^R}{\Gamma(K)} \cdot \frac{\mu^{K-1}}{1} \cdot \frac{e^{-\mu \cdot \left(T + \frac{K}{M}\right)}}{1} d\mu$$

$$=\int_0^\infty \overbrace{\left(\frac{\left(\frac{M}{K}\right)^{-K}\cdot(T)^R}{R!\cdot\Gamma(K)}\right)}^{\text{不含}\mu\text{，可放到}\int_0^\infty\text{外面}} \times \frac{\mu^{R+K-1}\cdot e^{-\mu\cdot\left(\frac{MT+K}{M}\right)}}{1}d\mu$$

$$=\left(\frac{\left(\frac{M}{K}\right)^{-K}\cdot(T)^R}{R!\cdot\Gamma(K)}\right)\cdot\int_0^\infty\frac{\Gamma(K+R)}{\Gamma(K+R)}\cdot\frac{\left(\frac{M}{MT+K}\right)^{K+R}}{\left(\frac{M}{MT+K}\right)^{K+R}}\cdot\frac{\mu^{K+R-1}\cdot e^{-\frac{\mu}{\left(\frac{M}{MT+K}\right)}}}{1}d\mu$$

$$=\frac{\left(\frac{M}{MT+K}\right)^{K+R}\cdot\Gamma(K+R)}{1}\cdot\left(\frac{\left(\frac{M}{K}\right)^{-K}(T)^R}{R!\cdot\Gamma(K)}\right)\cdot$$

$$\int_0^\infty\overbrace{\frac{\mu^{K+R-1}}{\Gamma(K+R)\cdot\left(\frac{M}{MT+K}\right)^{K+R}}\cdot e^{-\frac{\mu}{\left(\frac{M}{MT+K}\right)}}}^{=1\text{ , }Gamma(K+R,\frac{M}{MT+K})}d\mu$$

$$=\frac{\left(\frac{M}{MT+K}\right)^{K}\cdot\left(\frac{M}{MT+K}\right)^{R}\cdot\Gamma(K+R)\cdot\left(\frac{M}{K}\right)^{-K}\cdot(T)^R}{R!\cdot\Gamma(K)}$$

$$=\frac{\left(\frac{K+MT}{M}\right)^{-k}\left(\frac{M}{K}\right)^{-K}\cdot\Gamma(K+R)\cdot\left(\frac{MT}{MT+K}\right)^{R}}{R!\cdot\Gamma(K)}$$

$$=\left(1+\frac{MT}{K}\right)^{-k}\cdot\frac{\Gamma(K+R)}{R!\cdot\Gamma(K)}\cdot\left(\frac{MT}{MT+K}\right)^{R} \qquad \text{式 (21)}$$

只要用 R＝r、T＝1、R!＝Γ(r＋1) 代換，就和導出負二項分配式的式 (11) 完全相同。這個式 (21) 是用品類購買次數 R，取代出現紅球的次數 r。這個數學式不只適用在品類，也符合各品牌的實際資料。第 1 部分的說明到此結束，接著要從伽瑪分配導出狄利克雷分配。

第 2 部分：

C) 從伽瑪分配到狄利克雷分配

品牌 1⋯j⋯g 的購買次數 $r_1,r_2,r_3,\cdots,r_j,\cdots,r_g$，是獨立（可相乘計算）的機率變數，根據假設皆呈現伽瑪分配 (α_j,β)。如果令 G 為 $(r_1,r_2,r_3,\cdots,r_j,\cdots,r_g)$ 的函數，由於 $r_1,r_2,r_3,\cdots,r_j,\cdots,r_g$ 分別獨立且呈伽瑪分配，函數 G 就是各分配式相乘的結果。讓我們用 $\prod_{j=1}^{g} x_j$ 來表達。這個記號是 Σ 記號的乘法版，表示由 x_1 依序乘到 x_g，也就是 $\prod_{j=1}^{g} x_j = x_1 \times x_2 \times x_3 \times \cdots \times x_j \times \cdots \times x_g$。

$$G(r_1,r_2,r_3,\cdots,r_j,\cdots,r_g)=\prod_{j=1}^{g}\frac{1}{\Gamma(\alpha_j)\cdot\beta^{\alpha_j}}\cdot(r_j)^{\alpha_j-1}\cdot e^{-\frac{r_j}{\beta}}$$

現在，讓我們把 $G(r_1,r_2,r_3,\cdots,r_j,\cdots,r_g)$ 這個函數，變換成各品牌購買機率的函數 $H_{g-1}(p_1,p_2,p_3,\cdots,p_j,\cdots,p_{g-1})$。從 D 到 F 做映射變換。

令 $D=\{(r_1,r_2,r_3,\cdots,r_j,\cdots,r_g) : 0\leq r_j<\infty, j=1,2,3\cdots j\cdots g\}$

$F=\{(p_1,p_2,p_3,\cdots,p_j,\cdots,p_{g'}) : 0\leq p_j<\infty, j=1,2,3\cdots j\cdots g', p_1+p_2+p_3\cdots+p_j+\cdots+p_{g-1}<1\}$

$p_j=\frac{r_j}{r_1+r_2+r_3+\cdots+r_j+\cdots+r_g}, j=\{1,2,3,\cdots,j,\cdots,g-1\}, p_{g'}=r_1+r_2+r_3+\cdots+r_j+\cdots+r_g$

以函數 w_j 表示 $r_j=w_j(p_1,p_2,p_3,\cdots,p_j,\cdots,p_{g'})$，$r_j=w_j(p_1,p_2,p_3,\cdots,p_j,\cdots,p_{g'})=p_j\times p_{g'}$。

我們要求的函數是：

$$H_g(p_1,p_2,p_3,\cdots,p_j,\cdots,p_{g-1},p_{g'})=G\left\{w_1(p_1,\cdots,p_{g'}),\cdots,w_{g-1}(p_1,\cdots,p_{g'}),w_g(p_1,\cdots,p_{g'})\right\}\cdot|J|$$

依照前述規定，

$$r_1=(p_1\cdot p_{g'}),\ r_2=(p_2\cdot p_{g'}),\cdots,\ r_{g-1}=(p_{g-1}\cdot p_{g'}),\ r_g=(1-\textstyle\sum_{j=1}^{g-1}p_j)\cdot p_{g'}$$

$$|J|=\begin{vmatrix} \frac{\partial r_1}{\partial p_1} & \frac{\partial r_1}{\partial p_2} & \cdots & \frac{\partial r_1}{\partial p_{g'}} \\ \frac{\partial r_2}{\partial p_1} & \frac{\partial r_2}{\partial p_2} & \vdots & \frac{\partial r_2}{\partial p_{g'}} \\ \frac{\partial r_3}{\partial p_1} & \frac{\partial r_3}{\partial p_2} & \ddots & \frac{\partial r_g}{\partial p_{g'}} \\ \vdots & \vdots & \vdots & \vdots \\ \frac{\partial r_g}{\partial p_1} & \frac{\partial r_g}{\partial p_2} & \cdots & \frac{\partial r_g}{\partial p_{g'}} \end{vmatrix}=\begin{vmatrix} p_{g'} & 0 & \cdots & \cdots & 0 & p_1 \\ 0 & p_{g'} & \ddots & \cdots & 0 & p_2 \\ \vdots & 0 & p_{g'} & \ddots & \vdots & \vdots \\ \vdots & \vdots & \ddots & \ddots & 0 & \vdots \\ \underbrace{-p_{g'} & -p_{g'} & -p_{g'} & -p_{g'} & -p_{g'} & 1-\sum_{j=1}^{g-1}p_j}_{\text{行數增加也不會改變}} \end{vmatrix}=\begin{vmatrix} p_{g'} & 0 & 0 & \cdots & 0 & p_1 \\ 0 & p_{g'} & 0 & \cdots & 0 & p_2 \\ 0 & 0 & p_{g'} & 0 & 0 & p_3 \\ \vdots & \vdots & \ddots & \ddots & 0 & \vdots \\ \vdots & \vdots & \vdots & 0 & \vdots & \vdots \\ 0 & 0 & 0 & 0 & p_{g'} & p_{g-1} \\ 0 & 0 & 0 & \cdots & 0 & 1 \end{vmatrix}=(p_{g'})^{g-1}$$

$$H_g(p_1,p_2,p_3,\cdots,p_j,\cdots,p_{g'})=\left[\prod_{j=1}^{g-1}\frac{(p_j\cdot p_{g'})^{\alpha_j-1}\cdot e^{-\frac{(p_j\cdot p_{g'})}{\beta}}}{\Gamma(\alpha_j)\cdot\beta^{\alpha_j}}\right]\cdot\left[\frac{\{(1-\sum_{j=1}^{g-1}p_j)\cdot p_{g'}\}^{\alpha_g-1}}{\Gamma(\alpha_g)\cdot\beta^{\alpha_g}}\cdot e^{-\frac{(1-\sum_{j=1}^{g-1}p_j)\cdot p_{g'}}{\beta}}\right]|J|$$

$$=\frac{(p_1\cdot p_{g'})^{\alpha_1-1}\cdots(p_{g-1}\cdot p_{g'})^{\alpha_{g-1}-1}\cdot\{(1-\sum_{j=1}^{g-1}p_j)\cdot p_{g'}\}^{\alpha_g-1}}{\prod_{j=1}^{g}\Gamma(\alpha_j)}\cdot\frac{\prod_{j=1}^{g-1}e^{-\frac{(p_j\cdot p_{g'})}{\beta}}}{\prod_{j=1}^{g}\beta^{\alpha_j}}\cdot\frac{e^{-\frac{(1-\sum_{j=1}^{g-1}p_j)\cdot p_{g'}}{\beta}}}{1}\cdot(p_{g'})^{g-1}$$

$$=\frac{\prod_{j=1}^{g-1}(p_j)^{\alpha_j-1}\cdot(p_{g'})^{\sum_{j=1}^{g-1}\alpha_j}\cdot(p_{g'})^{-(g-1)}\cdot(p_{g'})^{g-1}\cdot\{(1-\sum_{j=1}^{g-1}p_j)\cdot p_{g'}\}^{\alpha_g-1}}{\prod_{j=1}^{g}\Gamma(\alpha_j)}\cdot\frac{e^{-\frac{(\sum_{j=1}^{g-1}p_j)\cdot p_{g'}+(1-\sum_{j=1}^{g-1}p_j)\cdot p_{g'}}{\beta}}}{\beta^{\sum_{j=1}^{g}\alpha_j}}$$

$$=\frac{\prod_{j=1}^{g-1}(p_j)^{\alpha_j-1}\cdot(1-\sum_{j=1}^{g-1}p_j)^{\alpha_g-1}\cdot(p_{g'})^{(\sum_{j=1}^{g}\alpha_j)-1}}{\prod_{j=1}^{g}\Gamma(\alpha_j)}\cdot\frac{e^{-\frac{p_{g'}}{\beta}}}{\beta^{\sum_{j=1}^{g}\alpha_j}}$$

$$H_{g-1}(p_1,p_2,p_3,\cdots,p_j,\cdots,p_{g-1})=\int_0^{\infty}H_g(p_1,p_2,p_3,\cdots,p_j,\cdots,p_{g'})dp_{g'}$$

$$=\int_0^\infty \frac{\prod_{j=1}^{g-1}(p_j)^{\alpha_j-1}\cdot(1-\sum_{j=1}^{g-1}p_j)^{\alpha_g-1}\cdot(p_{g'})^{(\Sigma_{j=1}^{g}\alpha_j)-1}}{\prod_{j=1}^{g}\Gamma(\alpha_j)}\cdot\frac{e^{-\frac{p_{g'}}{\beta}}}{\beta^{\Sigma_{j=1}^{g}\alpha_j}}dp_{g'}$$

$$=\frac{\prod_{j=1}^{g-1}(p_j)^{\alpha_j-1}\cdot(1-\sum_{j=1}^{g-1}p_j)^{\alpha_g-1}}{\prod_{j=1}^{g}\Gamma(\alpha_j)}\cdot\frac{\Gamma(\sum_{j=1}^{g}\alpha_j)}{\Gamma(\sum_{j=1}^{g}\alpha_j)}\int_0^\infty \frac{(p_{g'})^{(\Sigma_{j=1}^{g}\alpha_j)-1}}{1}\cdot\frac{e^{-\frac{p_{g'}}{\beta}}}{\beta^{\Sigma_{j=1}^{g}\alpha_j}}dp_{g'}$$

$$=\frac{\prod_{j=1}^{g-1}(p_j)^{\alpha_j-1}\cdot(1-\sum_{j=1}^{g-1}p_j)^{\alpha_g-1}}{\prod_{j=1}^{g}\Gamma(\alpha_j)}\cdot\frac{\Gamma(\sum_{j=1}^{g}\alpha_j)}{1}\overbrace{\int_0^\infty \frac{(p_{g'})^{(\Sigma_{j=1}^{g}\alpha_j)-1}}{\Gamma(\sum_{j=1}^{g}\alpha_j)}\cdot\frac{e^{-\frac{p_{g'}}{\beta}}}{\beta^{\Sigma_{j=1}^{g}\alpha_j}}dp_{g'}}^{=1,\ Gamma\ (\Sigma_{j=1}^{g}\alpha_j,\ \beta)}$$

$$Dirichlet\{p\mid\alpha\}=\frac{\Gamma(\sum_{j=1}^{g}\alpha_j)}{\prod_{j=1}^{g}\Gamma(\alpha_j)}\cdot(\prod_{j=1}^{g-1}(p_j)^{\alpha_j-1})\cdot(1-\sum_{j=1}^{g-1}p_j)^{\alpha_g-1} \qquad 式(22)$$

像這樣彙整各品牌購買次數的伽瑪分配後，導出了狄利克雷分配式。

當 g=2 時，以上數學式就會變成 Beta 分配。如果令自家公司的品牌為品牌 1、其他所有品牌總稱為品牌 2，就能簡單計算 α_1、α_2，用於分析和預測。如下所示。

$$\frac{\Gamma(\alpha_1+\alpha_2)}{\Gamma(\alpha_1)\cdot\Gamma(\alpha_2)}p_1^{\alpha_1-1}\cdot(1-p_1)^{\alpha_2-1} \qquad 式(23)$$

D）多項分配與狄利克雷分配合體：

多項分配：

多項分配是二項分配的擴張版。例如，有從 1 到 g 的品牌，令每一次選到某品牌 j 的機率是 p_j。各個品牌分別被購買

$r_1, r_2, \cdots, r_j, \cdots, r_{g-1}$ 次的機率，分別是 $p_1{}^{r_1}, p_2{}^{r_2}, \cdots, p_j{}^{r_j}, \cdots, p_{g-1}{}^{r_{g-1}}$，而 $\sum_{j=1}^{g} p_j = 1$，所以最後一個品牌 g 的機率是 $1-\sum_{j=1}^{g-1} p_j$。品牌從 1 到 g 依序出現 $r_1, r_2, \cdots, r_j, \cdots, r_g$ 次的機率，則為$\prod_{j=1}^{g-1} p_j{}^{r_j} \cdot (1-\sum_{j=1}^{g-1} p_j)^{r_g}$。只要和二項分配一樣，用這個機率，乘上 R 次裡出現 $r_1, r_2, \cdots, r_j, \cdots, r_g$ 次的所有可能性 $\frac{R!}{r_1!\, r_2! \cdots\ r_j!\ \cdots r_g!}$ 就可以了。數學式整理如下：

$$Multinomial(r \mid p, R) = \frac{R!}{r_1!\, r_2! \cdots\ r_j!\ \cdots r_g!} \prod_{j=1}^{g-1} p_j{}^{r_j} \cdot (1-\sum_{j=1}^{g-1} p_j)^{r_g}$$

式(24)

多項分配與狄利克雷分配合體：

在多項分配裡，各品牌被選擇的機率（p_j），與品類的購買次數（R）相互獨立並且呈狄利克雷分配，所以能相乘計算。接下來，只要對各品牌的機率（p_j）依序取積分，就可求出 $P(R, r_1, r_2, \cdots, r_j, \cdots, r_g)$。

$$P(R, r_1, r_2, \cdots, r_j, \cdots, r_g) = \int Multinomial(r \mid R, p) \cdot Dirichlet\{p \mid \alpha\} dp$$

$$= \int_0^1 \int_0^{1-p_1} \cdots \int_0^{1-\sum_{j=1}^{g-1} p_j} \overbrace{\binom{R}{r_1, r_2, \cdots, r_j, \cdots, r_g} \cdot \prod_{j=1}^{g-1} p_j{}^{r_j} \cdot \left(1-\sum_{j=1}^{g-1} p_j\right)^{r_g}}^{\text{多項分配}} \cdot \overbrace{\frac{\Gamma(\sum_{j=1}^{g} \alpha_j)}{\prod_{j=1}^{g} \Gamma(\alpha_j)} \cdot \left(\prod_{j=1}^{g-1} (p_j)^{\alpha_j - 1}\right) \cdot \left(1-\sum_{j=1}^{g-1} p_j\right)^{\alpha_g - 1}}^{\text{狄利克雷}} d_{p_g} \cdots d_{p_j} \cdots d_{p_2} d_{p_1}$$

$$= \binom{R}{r_1, r_2, \cdots, r_j, \cdots, r_g} \frac{\Gamma(\sum_{j=1}^{g} \alpha_j)}{\prod_{j=1}^{g} \Gamma(\alpha_j)} \cdot \int_0^1 \cdots \int_0^{1-\sum_{j=1}^{g-1} p_j} \left(\prod_{j=1}^{g-1} p_j{}^{\alpha_j + r_j - 1}\right) \cdot \left(1-\sum_{j=1}^{g-1} p_j\right)^{r_g + \alpha_g - 1} d_{p_g} \cdots\cdots d_{p_1}$$

$$= \frac{R!}{\prod_{j=1}^{g} r_j!} \cdot \frac{\Gamma(\sum_{j=1}^{g} \alpha_j)}{\prod_{j=1}^{g} \Gamma(\alpha_j)} \cdot \frac{\prod_{j=1}^{g} \Gamma(\alpha_j + r_j)}{\prod_{j=1}^{g} \Gamma(\alpha_j + r_j)} \cdot \frac{\Gamma\left(\sum_{j=1}^{g} (\alpha_j + r_j)\right)}{\Gamma\left(\sum_{j=1}^{g} (\alpha_j + r_j)\right)} \int_0^1 \cdots \int_0^{1-\sum_{j=1}^{g-1} p_j} \left(\prod_{j=1}^{g-1} p_j{}^{\alpha_j + r_j - 1}\right) \cdot \left(1-\sum_{j=1}^{g-1} p_j\right)^{r_g + \alpha_g - 1} d_{p_g} \cdots d_{p_1}$$

$$=\frac{R!}{\prod_{j=1}^{g} r_j!}\cdot\frac{\Gamma(\sum_{j=1}^{g}\alpha_j)}{\prod_{j=1}^{g}\Gamma(\alpha_j)}\cdot\frac{\prod_{j=1}^{g}\Gamma(\alpha_j+r_j)}{\Gamma(\sum_{j=1}^{g}(\alpha_j+r_j))}\overbrace{\int_0^1\cdots\int_0^{1-\sum_{j=1}^{g-1}p_j}\frac{\Gamma(\sum_{j=1}^{g}(\alpha_j+r_j))}{\prod_{j=1}^{g}\Gamma(\alpha_j+r_j)}\cdot\left(\prod_{j=1}^{g-1}p_j^{\alpha_j+r_j-1}\right)\cdot\left(1-\sum_{j=1}^{g-1}p_j\right)^{\alpha_g+r_g-1}d_{p_g}\cdots d_{p_1}}^{=1,\ \text{狄利克雷}}$$

$$=\frac{R!}{\prod_{j=1}^{g} r_j!}\cdot\frac{\Gamma(\sum_{j=1}^{g}\alpha_j)}{\prod_{j=1}^{g}\Gamma(\alpha_j)}\cdot\frac{\prod_{j=1}^{g}\Gamma(\alpha_j+r_j)}{\Gamma(\sum_{j=1}^{g}(\alpha_j+r_j))}$$

$$=\frac{R!}{\prod_{j=1}^{g} r_j!}\cdot\frac{\Gamma(S)}{\prod_{j=1}^{g}\Gamma(\alpha_j)}\cdot\frac{\prod_{j=1}^{g}\Gamma(\alpha_j+r_j)}{\Gamma(S+R)} \qquad \text{式 (25)}$$

第 3 部分：

狄利克雷 NBD 模型：

式 (21) 告訴我們品類的購買次數別分配狀況（構成比率），式 (25) 則可計算購買次數別（$r_1,r_2,\cdots,r_j,\cdots,r_g$）的分配，彼此為獨立事件，所以能相乘，求出 $P(R,r_1,r_2,\cdots,r_j,\cdots,r_g)$。

$$P(R,r_1,r_2,\cdots,r_j,\cdots,r_g)=\left\{Multinomial(r\mid p,R)\widehat{p}\,Dirichlet\{p\mid\alpha\}\right\}\widehat{R}\left\{Poisson(R\mid\mu T)\widehat{\mu}\,Gamma\left(\mu\mid K,\frac{M}{K}\right)\right\}$$

$$=\left\{\frac{R!}{\prod_{j=1}^{g} r_j!}\cdot\frac{\Gamma(S)}{\prod_{j=1}^{g}\Gamma(\alpha_j)}\cdot\frac{\prod_{j=1}^{g}\Gamma(\alpha_j+r_j)}{\Gamma(S+R)}\right\}\cdot\left\{\left(1+\frac{MT}{K}\right)^{-K}\frac{\Gamma(K+R)}{R!\cdot\Gamma(K)}\cdot\left(\frac{MT}{MT+K}\right)^{R}\right\} \qquad \text{式 (26)}$$

$$=\frac{\Gamma(S)}{\prod_{j=1}^{g} r_j!\cdot\prod_{j=1}^{g}\Gamma(\alpha_j)}\cdot\frac{\prod_{j=1}^{g}\Gamma(\alpha_j+r_j)}{\Gamma(S+R)}\cdot\frac{\Gamma(K+R)}{\Gamma(K)}\left(\frac{MT}{MT+K}\right)^{R}\cdot\left(1+\frac{MT}{K}\right)^{-K}$$

$$=\frac{\Gamma(S)}{\Gamma(K)}\cdot\frac{\Gamma(K+R)}{\Gamma(S+R)}\cdot\frac{\prod_{j=1}^{g}\Gamma(\alpha_j+r_j)}{\prod_{j=1}^{g}\Gamma(\alpha_j)\cdot\prod_{j=1}^{g}r_j!}\cdot\left(\frac{MT}{MT+K}\right)^{R}\cdot\left(1+\frac{MT}{K}\right)^{-K} \qquad \text{式 (27)}$$

當 g=2（品牌 j，以及把 j 以外的其他所有品牌總括為一個品牌）時：

根據式 (26)，$P(R,r_j,R-r_j)$

$$=\left\{\frac{R!}{r_j!\cdot(R-r_j)!}\frac{\Gamma(S)}{\Gamma(\alpha_j)\Gamma(S-\alpha_j)}\frac{\Gamma(\alpha_j+r_j)\cdot\Gamma(S-\alpha_j+R-r_j)}{\Gamma(S+R)}\right\}$$

$$\cdot\left\{\left(1+\frac{MT}{K}\right)^{-K}\frac{\Gamma(K+R)}{R!\cdot\Gamma(K)}\left(\frac{MT}{MT+K}\right)^{R}\right\} \quad \text{式 (28)}$$

其中，$\frac{\Gamma(S)}{\Gamma(\alpha_j)\Gamma(S-\alpha_j)}=\frac{1}{B(\alpha_j,S-\alpha_j)}$，

$$\frac{\Gamma(\alpha_j+r_j)\cdot\Gamma(S-\alpha_j+R-r_j)}{\Gamma(S+R)}=B(\alpha_j+r_j,S-\alpha_j+R-r_j)$$

B( ) 為 Beta 函數。

$$=\overbrace{\left\{\frac{R!}{r_j!\cdot(R-r_j)!}\cdot\frac{B(\alpha_j+r_j,S-\alpha_j+R-r_j)}{B(\alpha_j,S-\alpha_j)}\right\}}^{=p(r_j|R)}$$

$$\cdot\left\{\left(1+\frac{MT}{K}\right)^{-K}\frac{\Gamma(K+R)}{R!\cdot\Gamma(K)}\cdot\left(\frac{MT}{MT+K}\right)^{R}\right\} \quad \text{式 (29)}$$

當 S=K 時，根據式 (27)：

$$P(R,r_1,r_2,\cdots,r_j,\cdots,r_g)=\frac{\prod_{j=1}^{g}\Gamma(\alpha_j+r_j)}{\prod_{j=1}^{g}\Gamma(\alpha_j)\cdot\prod_{j=1}^{g}r_j!}\cdot\left(\frac{MT}{MT+K}\right)^{R}\cdot\left(1+\frac{MT}{K}\right)^{-K} \quad \text{式 (30)}$$

當 g=2 時：根據式 (29)，$P(R,r_j,R\text{-}r_j)$

$$=\overbrace{\left\{\frac{R!}{r_j!\cdot(R-r_j)!}\cdot\frac{B(\alpha_j+r_j,K-\alpha_j+R-r_j)}{B(\alpha_j,K-\alpha_j)}\right\}}^{=p(r_j|R)}$$

$$\cdot\left\{\left(1+\frac{MT}{K}\right)^{-K}\cdot\frac{\Gamma(K+R)}{R!\cdot\Gamma(K)}\cdot\left(\frac{MT}{MT+K}\right)^{R}\right\} \qquad \text{式 (31)}$$

以上一邊介紹二項分配、卜瓦松分配、負二項分配（NBD）、伽瑪分配、多項分配以及狄利克雷分配（狄利克雷 NBD），一邊以數學方式，說明消費者的購買決策受到偏好所支配的概念。大家覺得如何？希望有助於對數學有興趣的讀者們思索。

符號一覽

記號	內容	其他
p_r	取出、購買 r 次的機率	P（大寫）：機率 p（小寫）：品牌 一般購買機率（變數）
Pen	滲透率（Penetration）	
r	購買次數。 在狄利克雷 NBD 模型中，表示品牌的購買次數	當必須區別品類和品牌，基本上以小寫表示品牌
N	取出球的次數	
n	（一開始的）總球數	
θ	一開始的紅球數	
$n-\theta$	一開始的白球數	
d	每一次增加的球數	
t	單位期間	比方一年、四星期等。
T	某期間（複數個單位期間）	變數
C_i	消費者（i）	
$1...i...N_c$	消費者的個人編號	
N_c	消費者數量	
$1...j...g$	品牌的代號	
S	狄利克雷 S（參數）	
μ	單位期間的品類長期平均購買次數	變數
μ_i	單位期間消費者（i）的 品類長期平均購買次數	常數
λ_j	單位期間的品牌（j） 長期平均購買次數	變數
λ_{ji}	單位期間消費者（i）的 品牌 j 長期平均購買次數	常數
R_i	單位期間消費者（i）的 品類購買次數	變數
R_{it}	單位期間 t 消費者（i）的 品類購買次數	常數
r_{ji}	單位期間消費者（i）的 品牌（j）購買次數	變數
r_{ji-t}	單位期間 t 消費者（i）的 品牌 j 購買次數	常數

符號一覽

記號	內容	其他
p_j	品牌 j 被選擇的機率（變數）	
$p_{g'}$	$p_{g'}=r_1+r_2+\cdots+r_j+\cdots+r_g$	
$r!$	r 的階乘。當 r 為整數時。	4! =4×3×2×1
$\Gamma(r+1)$	伽瑪函數（並非伽瑪分配）是把 r 擴張為實數的階乘。	$\Gamma(r+1)=r\cdot\Gamma(r)$ $\Gamma(1)=1$
$E[\ ]$	期望值（Expectation）	
$\sum_{j=1}^{g} a_j$	$\sum_{j=1}^{g} a_j=a_1+a_2+\cdots+a_j+\cdots+a_g$	
$\prod_{j=1}^{g} a_j$	$\prod_{j=1}^{g} a_j=a_1\times a_2\times\cdots\times a_j\times\cdots\times a_g$	
～	屬於（服從於）某分配	r_{ji}～卜瓦松分配（λ_{ji}）
$\lvert J \rvert$	雅可比矩陣（Jacobian matrix）	用於函數變換

消費者全體		個人	內容
品類	品牌（j）	消費者（i）	i（消費者）：$1\cdots i\cdots N_c$ t（單位期間）=1,2,…,t,… j（品牌）：1,2,…,j,…,g
θ		$\theta_{\cdot i}$	當紅球表示品類時（無視紅球的品牌記號） $\theta=\sum_{j=1}^{g}\sum_{i=1}^{N_c}\theta_{ji},\ \theta_{\cdot i}=\sum_{j=1}^{g}\theta_{ji}$
—	θ_j	θ_{ji}	當紅球表示品牌時（著眼於紅球的品牌記號） $\theta_j=\sum_{i=1}^{N_c}\theta_{ji}$
α	α_j	—	伽瑪分配的參數（分配的形狀）
β	β	—	伽瑪分配的參數（規模）
d	d_j	—	每一次增加的球數
K	k_j	—	NBD、伽瑪分配的參數
M	m_j	—	單位期間的平均購買次數
MT	m_jT	—	期間 T 的平均購買次數
n	n	$n_i=n$	一開始的總球數
N	N	$N_i=N$	取出球的次數
R	r_j	—	購買次數（變數）

注）本處的符號說明，只適用於卷末解說 1 的內容，不必然適用於其他章節。比方說，其他章節都統一以 M 表示平均值，而卷末解說 1 的 M，則表示品類的平均值，並以小寫的 m 表示品牌的平均值。

卷末解說 2

用於理解市場及協助
做好預測的數學工具

這篇附錄裡，我將為大家介紹本書中出現的，我們常在工作中運用的六大數學工具，並簡單說明各模型分別能用在哪些狀況。每個模型的說明都彼此獨立，即使無法完全理解，也不影響其他部分，大家可以針對必要的部分閱讀。

1）伽瑪・卜瓦松最近購買時間模型（Gamma Poisson Recency Model）

透過「最近什麼時候購買？」「最近什麼時候造訪？」的資料（最近購買時期：Recency），分析應該把資源相對集中於哪個品牌、設施或時期。

2）負二項分配（NBD Model: Negative Binomial Distribution）

針對從消費者家庭追蹤調查取得的自家公司品牌資料，與實際營收之間的差異，正確地進行補正。用來當作銷售預測時新購率、回購率、購買次數的標竿，也非常有效。

3）品類進軍順位模型（Order of Entry Model）

如果是在新創造出來的品類中，例如是做為市面上該品類的第三種產品進入市場時，可分析能獲得多少程度的市占率。也能根據行銷計畫，做市占率的模擬。

4）新購模型、回購模型（新產品營收）

可運用概念測試、概念使用測試所取得的資料，和家庭追蹤調查資料，來預測新產品發售第一年的營收。

5）平均每次購買金額、數量模型（VPP Model: Volume per Purchase）

幫助我們決定產品的尺寸。

6）狄利克雷 NBD 模型

介紹表 1-4 高露潔的季購買率、季購買次數、100% 忠實顧客比例的預測、NBD 的品類 K 和狄利克雷 S 如何計算，以供各位參考。

注）第一章的式 (1)，在 Excel 裡會變成這樣：

NBD 模型：P_r（出現 r 次的機率）

$$= \frac{\left(1+\frac{M}{K}\right)^{-K} \cdot \Gamma(K+r)}{\Gamma(r+1) \cdot \Gamma(K)} \cdot \left(\frac{M}{M+K}\right)^{r} \qquad \text{式 (1)}$$

$$= \left(\left(1+\frac{M}{K}\right)^{\wedge(-K)}\right) * EXP(GAMMALN(K+r) - GAMMALN(r+1) - GAMMALN(K)) * \left(\frac{M}{(M+K)}\right)^{\wedge r}$$

式 (2)

1 伽瑪・卜瓦松最近購買時間模型（Gamma Poisson Recency Model）

透過「最近什麼時候購買？」「最近什麼時候造訪？」的資料（最近購買時期：Recency），分析應該把資源相對集中在哪個品牌、設施或時期。因為「伽瑪・卜瓦松最近購買時間模型」能藉由最近購買時間的資料，計算出滲透率（有多少不同的人購買或造訪），以及平均購買或造訪次數。尤其在難以取得可信賴的購買次數資料時，更是有效。而這個模型，其實可以用已經多次介紹過的 NBD 模型導出。

這是第一章的式 (1) 所使用的 NBD 模型的數學式。

$$\text{NBD 模型：} P_r(\text{出現 r 次的機率}) = \frac{\left(1+\frac{M}{K}\right)^{-K}\cdot\Gamma(K+r)}{\Gamma(r+1)\cdot\Gamma(K)}\cdot\left(\frac{M}{M+K}\right)^{r}$$

然後，依據消費者回答「最近什麼時候購買？」「最近什麼時候造訪？」的觀點，把期間規定如下：

$$\text{現在}\ \overbrace{----}^{t-1}\overbrace{-time(\text{時間})---\rightarrow}^{\text{期間：}\{t-(t-1)\}}\ \text{過去}$$

（下括弧：t）

期間	Pn：期間別的滲透率（以人口來說的來園比率）
$T_0 \sim T_1$	Pn (1–0)
$T_1 \sim T_2$	Pn (2–1)
$T_{t-1} \sim T_t$	Pn {t– (t–1)}

令式 (1) 裡，某產品在期間 t 的平均值 M 為 mt，K 為 k。滲

透率相當於「用 100% 減掉期間 t 裡一次都沒買過本產品的人的滲透率（出現 0 次的機率）」。期間（t－1）的 M，等於 m(t－1)，而 K＝k。如果是相同產品，則 K 無關期間，都保持一定。期間 {t－(t－1)} 的滲透率，等於「期間 t 的滲透率減掉期間（t－1）的滲透率」所得到的機率。

$$P_n(t)=1-P_0(r=0,\text{出現 }0\text{ 次的機率})=1-\frac{\left(1+\frac{mt}{k}\right)^{-k}\cdot\Gamma(k+0)}{\Gamma(0+1)\cdot\Gamma(k)}\cdot\left(\frac{m}{m+k}\right)^{0}=1-\left(1+\frac{mt}{k}\right)^{-k}$$

$$P_n(t-1)=1-\frac{\left[1+\frac{m(t-1)}{k}\right]^{-k}\cdot\Gamma(k+0)}{\Gamma(0+1)\cdot\Gamma(k)}\cdot\left\{\frac{m(t-1)}{m(t-1)+k}\right\}^{0}=1-\left(1+\frac{m(t-1)}{k}\right)^{-k}$$

$$P_n\{t-(t-1)\}=P_n(t)-P_n(t-1)=\left(1+\frac{m(t-1)}{k}\right)^{-k}-\left(1+\frac{mt}{k}\right)^{-k} \quad \text{式 (3)}$$

用式 (2)，求出能使得各期間實際值與預測值的差的平方和最小的 m 和 k。

表 10-1

制汗劑的購買狀況 （1 個月的平均購買次數 m=1.37552，k=4.061）			
最近購買時間	實際值	各期間滲透率的預測式	預測值
2 星期以內	43.9%	$1-\left(1+\frac{m\times\frac{14}{31}}{k}\right)^{-k}$	43.9%
2 星期～ 1 個月前	25.6%	$\left(1+\frac{m\times\frac{14}{31}}{k}\right)^{-k}-\left(1+\frac{m\times1}{k}\right)^{-k}$	25.5%
1 個月～ 2 個月前	19.1%	$\left(1+\frac{m\times1}{k}\right)^{-k}-\left(1+\frac{m\times2}{k}\right)^{-k}$	18.3%
2 個月～ 3 個月前	5.1%	$\left(1+\frac{m\times2}{k}\right)^{-k}-\left(1+\frac{m\times3}{k}\right)^{-k}$	6.4%
3 個月～ 4 個月前	1.5%	$\left(1+\frac{m\times3}{k}\right)^{-k}-\left(1+\frac{m\times4}{k}\right)^{-k}$	2.7%
4 個月～ 5 個月前	0.7%	$\left(1+\frac{m\times4}{k}\right)^{-k}-\left(1+\frac{m\times5}{k}\right)^{-k}$	1.3%
5 個月～ 6 個月前	1.4%	$\left(1+\frac{m\times5}{k}\right)^{-k}-\left(1+\frac{m\times6}{k}\right)^{-k}$	0.7%
更早以前 *	2.7%	$\left(1+\frac{m\times6}{k}\right)^{-k}$	1.1%
合計	100.0%	—	100.0%

* 這時候，可以想成 $t=\infty$，$t-1=6$。

$$lim_{t\to\infty}\left(1+\frac{mt}{k}\right)^{-k}=0$$

$$P_n(t=\infty)-P_n(t-1)=\left(1+\frac{m(t-1)}{k}\right)^{-k}-\left(1+\frac{mt}{k}\right)^{-k}=\left(1+\frac{m\times6}{k}\right)^{-k} \quad \text{式 (4)}$$

表 10-1 是關於「最近何時購買制汗劑」的例子。實際用於計算的 k 和一個月平均購買次數 m，是我算出來的數字，和 Jerome D. Greene 書中的數字略有不同。

注）如果用這方式計算出來的資料與實際不符，可能來自兩個原因：

(1) 調查的資料有問題。

(2) 產品、品類的購買行為不符合 NBD 模型。個人層級的購買行為並非屬於卜瓦松分配。

2 負二項分配（NBD Model: Negative Binomial Distribution）

對於理解消費者的實際購買行為而言，家庭追蹤調查資料是非常有用的資料，但是不保證所有的購買內容，都能被完整詳盡地記錄下來。以美國的追蹤調查資料而言，通常會有 30% 左右的記錄被遺漏。遺漏的原因，主要來自漏記。遺漏通常是隨機發生，所以能把 K 視為一定，用 NBD 模型來補正。

它能正確補正由消費者購買追蹤調查取得的自家公司品牌營收（戶數×滲透率×平均購買次數×平均購買個數×平均購買單價）資料，與自家公司實際營收之間的差異，把真實情況呈現出來。補正後的這些資料，用來做為新產品營收預測時新購率、回購率、購買次數的標竿，非常有效。

表 10-2 是一份假設的一年期家庭追蹤調查資料。表 10-3 是用來做補正的數值。假設我們知道，實際營收金額是 58.9 億日圓，而根據追蹤調查資料計算出來的營收，則是 41.2 億日圓，相當於實際金額的 70%。假定追蹤調查資料與現實上的「一次的平均購買個數」、「一個的平均購買單價」都相同。

表 10-2 某品牌追蹤調查資料的補正

一年期間的家庭追蹤調查資料			
	項目	補正前	補正後
(A)	2008 年的總戶數（千戶）	49,973	49,973
(B)	滲透率	15.0%	17.47%
(C)	平均購買次數	2.50	3.07
(D)	一次的平均購買個數	1.10	1.10
(E)	一個的平均購買單價	200 日圓	200 日圓
(F)	購買兩次以上者的比率	50%	55%
(G)	全年營收（A×B×C×D×E）	41.2 億日圓	58.9 億日圓
(H)	（G）相對於實際金額的比率	70%	100%

表 10-3 補正的計算

一年期間的家庭追蹤調查資料			
(I)	品牌的 m：（B×C×D）	0.4125	0.5893
(J)	品牌的 k	0.09899	0.09899
(K)	P_0（連一次都沒買的機率）	85.00%	82.53%
(L)	P_1（購買一次的機率）	6.79%	7.00%
(M)	$P_{2+}=100\%-P_0-P_1$	8.21%	10.47%
(N)	根據模型，購買者中購買兩次以上者的比率：（M/B）	54.76%	59.95%

補正的步驟如下：

1）品牌的 m：滲透率×平均購買次數×平均購買個數＝$15.0\% \times 2.50 \times 1.10 = 0.4125$

2）品牌的 k：NBD 模型（出現 r 次的機率）：

$$P_r = \frac{\left(1+\frac{M}{K}\right)^{-K} \cdot \Gamma(K+r)}{\Gamma(r+1) \cdot \Gamma(K)} \cdot \left(\frac{M}{M+K}\right)^r$$

中代入 $K=k$, $M=m=0.4125$, $r=0$。P_0（連一次都沒買的機率）$= 100\%$ －（滲透率）$= 100\% - 15.0\% = 0.850$

$$P_0 = \frac{\left(1+\frac{m}{k}\right)^{-k} \cdot \Gamma(k+0)}{\underbrace{\Gamma(0+1)}_{=1} \cdot \Gamma(k)} \cdot \left(\frac{m}{m+k}\right)^0 = \left(1+\frac{m}{k}\right)^{-k} = \left(1+\frac{0.4125}{k}\right)^{-k} = 0.85 \rightarrow k = 0.09899$$

我們無法直接用這個式子解出 k 來。但能用 Excel 的規劃求解功能推算，或用隨便鍵入數字的方式求取到小數點後五位左右。

3）P_1（購買一次的機率）：$P_1 = \frac{\left(1+\frac{m}{k}\right)^{-k} \cdot \Gamma(k+r)}{\Gamma(r+1) \cdot \Gamma(k)} \cdot \left(\frac{m}{m+k}\right)^r$

把 $k=0.09899$、$m=0.4125$、$r=1$ 代入，然後計算。

NBD 模型（出現 r=1 次的機率）：

$$P_1 = \frac{\left(1+\frac{0.4125}{0.09899}\right)^{-0.09899} \cdot \Gamma(0.09899+1)}{\Gamma(1+1) \cdot \Gamma(0.09899)} \cdot \left(\frac{0.4125}{0.4125+0.09899}\right)^1 \rightarrow 6.79\%$$

可以使用式(2)，用 Excel 計算。

4) P_{2+}（購買兩次以上的機率）$=100\%-P_0-P_1=1.00-0.85-0.0679=0.0821$

5) 根據模型，購買者中購買兩次以上者的比率（補正前）：

$$\frac{P_{2+}}{1-P_0}=\frac{0.0821}{1-0.85}=\frac{0.0821}{0.1500}=0.5476\rightarrow 54.76\%$$

6) 使用補正後的$m=\frac{0.4125}{0.7}=0.5893$和$k=0.09899$，計算出

$P_0=\left(1+\frac{0.5893}{0.09899}\right)^{-0.09899}=0.8253$，求得滲透率為

$1-0.8253=0.1747$。

7) 用補正後的 m 計算購買次數。

$$\frac{\text{補正後的}m}{\text{補正後的滲透率}\times\text{一次的平均購買個數}}=\frac{0.5893}{0.1747\times 1.1}=3.07$$

8) 用和補正前一樣的方式，求「根據模型，購買者中購買兩次以上者的比率」。

9) 用以下方式，計算購買兩次以上者的比率。由於包含追蹤調查資料的計測值應可更貼近真實，所以用此方式計算。

購買兩次以上者的比率＝（追蹤調查資料的數值）

$$\times \frac{\text{根據補正後的模型購買兩次以上者比率}}{\text{根據補正前的模型購買兩次以上者比率}} = 50\% \times \frac{59.95\%}{54.76\%} = 55\%$$

3 品類進軍順位模型（Order of Entry Model）

這個模型，能提供「成功創造出新品類時，能維持多少程度的市占率；或較晚進入市場時，依不同的進入順序，能獲得多少程度的市占率」的參考資料。也能根據行銷計畫，做市占率的模擬。

這個模型是麻省理工學院（MIT）的葛林・爾本（Glen Urban）教授，在 1986 年透過美國過去 36 種大眾消費品類共 129 個品牌資料，所導出的計算式。品類包含柔軟劑、洗衣精、冷凍乾燥式即溶咖啡等。所謂先發品牌，指的是像以前津村順天堂知名的市面首款泡澡入浴劑「巴斯克林」，或是像最近開創出布製品除臭這種新功能品類的「Febreze」等商品。

相對於先發品牌市占率的比率＝

$$(\text{進入市場順位})^{-0.49} \times (\text{相對好感度})^{1.11} \times (\text{宣傳費比率})^{0.28} \times (\text{間隔年數})^{0.07} \qquad \text{式(5)}$$

相對好感度：在這裡指的是相對於先發品牌的好感度。如果相同，則為 1.00。
宣傳費比率：該品牌的廣告宣傳費相對於先發品牌近三年年平均宣傳費的比率。
間隔年數：與上一個進入市場的產品的間隔年數＋1 年

範例：我們是第四個進入市場的品牌，相對好感度（略遜一籌）0.9；廣告宣傳費比率：0.7；與第三個進入市場的產品同年進入市場：0＋1＝1。假設先發品牌的市占率是 35%。自家品牌的預估市占率，計算方式如下：

預估市占率＝

$$35\% \times (4)^{-0.49} \times (0.9)^{1.11} \times (0.7)^{0.28} \times (1)^{0.07} = 35\% \times 0.408 = 14\%$$

我們也使用相對好感度：1.0，廣告宣傳費比率：1.0，間隔年數 1 年以下：1.0 的數字，搭配進入市場品牌的不同數量和順序別，做預估市占率的試算。結果彙總於下表，供大家參考。

表 10-4

進入市場順序	與第 1 個的比率	預估市占率					
		第 1 個	第 2 個	第 3 個	第 4 個	第 5 個	第 6 個
第 1 個	1.00	100%					
第 2 個	0.71	59%	42%				
第 3 個	0.58	44%	31%	25%			
第 4 個	0.51	36%	25%	21%	18%		
第 5 個	0.45	31%	22%	18%	16%	14%	
第 6 個	0.42	27%	19%	16%	14%	12%	11%

表 10-5 則是把剛才的數學式做統計處理的結果。從裡面可以看出，偏好、宣傳費、進入市場順位，依序對市占率有大幅的影響。其中最重要的，果然還是被選擇的機率——也就是偏好。接著則是認知（廣告費），再來是也許跟鋪貨率有高度相關的進入市場順位。這樣的結果，和之前看到的各個模型一致。

表 10-5

各要素對相對於先發品牌市占率之比率的影響度			
	未標準化的值	標準化的值	t- 值
進入市場順位	−0.49	−0.21	−6.5*
好感度	1.11	0.57	9.5*
宣傳費	0.28	0.44	7.2*
間隔	0.07	0.07	1.5

*99% 的信賴水準下有顯著性

4 新購模型、回購模型（新產品的營收）

可以運用概念測試、概念使用測試（C&U: Concept & Use）和家庭追蹤調查資料，預測新產品發售第一年的營收。

a) 新購模型、回購模型：

全年營收＝全年來自新購的營收＋全年來自回購的營收

來自新購的營收＝（Pop）×（新購率）×（新購 VPP）

來自回購的營收＝（Pop）×（新購率）×（回購率）×（回購次數）

×（回購 VPP）

新購率＝（一定會買 × 補正係數 $_1$ ＋應該會買 × 補正係數 $_2$）× 認知度 × 鋪貨率
補正係數 $_1$、補正係數 $_2$ 是由資料庫導出。

b) 各項目說明

Pop：全體消費者、全體家庭的數量。
新購率：一年內首度購買該產品的人占 Pop 的比例。
回購率：一年內首度購買該產品的人裡，於同一年裡再度購買的比例。
回購次數：回購者的平均購買次數減一次（新購的那次）。
以上皆由 C&U（概念使用測試）產品使用後的新產品和標竿產品的資料，以及家庭追蹤調查資料導出。

新購 VPP（Trial Volume per Purchase）：新購時的平均購買金額（請參閱下節的 VPP 模型）

回購 VPP（Repeat Volume per Purchase）：回購時的平均購買金額

c) 範例：

所有家庭中有 10%，從發售起一年內購買了某洗髮精新產品。購買者中的 30%，於期間內至少又購買了一次。回購者的平均購買次數是 2.5 次。新購時的平均購買金額是 383 日圓（365 日圓的產品 1.05 個），回購時的平均購買金額是 475 日圓（431 日圓的產品 1.10 個）。以上是計算時使用的數據，各項數據依照消費者調查推估而得。

1 年的營收

$$=\underbrace{4997\text{萬戶}\times 10\%\times ¥383}_{\text{來自新購的營收}}+\underbrace{4997\text{萬戶}\times 10\%\times 30\%\times 1.5\times ¥475}_{\text{來自回購的營收}}$$

1 年的營收＝*19.1* 億日圓＋*10.7* 億日圓＝*29.8* 億日圓

5 平均每次購買金額、數量模型（VPP Model：Volume per Purchase）

此模型可幫助我們決定產品尺寸。尤其是在擴展產品線時，可以依本模型估算應該推出什麼樣的尺寸，才能增加整體品牌的營收。擴展產品線（LX: Line-Extention），是指在相同品類的相同品牌名稱下，加上一些延伸名稱而推出的新產品項目。比方說「一匙靈 Neo」，就是一匙靈的 LX。

我們可以用概念測試或概念使用測試所取得的，消費者「愛好的尺寸（選擇的尺寸）」，以及計畫的尺寸別鋪貨率，如下表般計算 VPP。表 10-6 是新購 VPP（￥383）的範例，表 10-7 則是回購 VPP（￥475）的範例。這個模型的精密度很高，在規劃尺寸時非常有效。

表 10-6 新購 VPP 的計算

新購時的平均購買金額			消費者調查時		市場	選擇 - 鋪貨率		TVPP
尺寸		單價（A）	選擇（B）	個數（C）	鋪貨率（D）	調整（B）×（D）	調整後（E）	（A）×（C）×（E）
一般	200 mℓ	¥350	90%	1.05	80%	72%	90%	¥331
補充包	340 mℓ	¥400	0%	0	70%	0%	0%	¥0
特大包	480 mℓ	¥500	10%	1.05	80%	8%	10%	¥53
合計			100%			80%	100%	¥383

表 10-7 回購 VPP 的計算

回購時的平均購買金額			消費者調查時		市場	選擇 - 鋪貨率		RVPP
尺寸		單價（A）	選擇（B）	個數（C）	鋪貨率（D）	調整（B）×（D）	調整後（E）	（A）×（C）×（E）
一般	200 mℓ	¥350	20%	1.10	80%	16%	21%	¥81
補充包	340 mℓ	¥400	40%	1.10	70%	28%	37%	¥162
特大包	480 mℓ	¥500	40%	1.10	80%	32%	42%	¥232
合計			100%			76%	100%	¥475

6 狄利克雷 NBD 模型

這裡要介紹表 1-4 高露潔的季購買率、季購買次數、NBD 的品類 K、狄利克雷 S 和 100% 忠實顧客比例（未列於表 1-4）的預測是如何計算的，以供各位讀者參考。這個計算範例中，是以高露潔的實際季購買率來計算 S。當缺乏實際購買率的資料時，就由品類 K 去求品牌的 k=K× 單位占比，用式(1)來計算購買率。

◆ K 的計算

由表 1-1 的 (2) 可知潔牙粉的季（單位期間）平均購買次數 $M=1.46$，也可知全體家庭中有 44% 在這期間連一次也沒買。我們把 $M=1.46$、$T=1$、$R=0$、$r_j=0$、$P_0=0.44$ 代入卷末解說 1 的式(28)的 NBD 模型計算式中，就可以求出 K。$p(r_j|R)=p(0|0)=1$。

$$P(R,r_j)=\overbrace{\left\{\frac{R!}{r_j!\cdot(R-r_j)!}\frac{\Gamma(S)}{\Gamma(\alpha_j)\Gamma(S-\alpha_j)}\frac{\Gamma(\alpha_j+r_j)\cdot\Gamma(S-\alpha_j+R-r_j)}{\Gamma(S+R)}\right\}}^{=p(r_j|R)}$$

$$\cdot\overbrace{\left\{\left(1+\frac{MT}{K}\right)^{-K}\frac{\Gamma(K+R)}{R!\cdot\Gamma(K)}\left(\frac{MT}{MT+K}\right)^{R}\right\}}^{p_R(NBD\text{模型})} \qquad \text{式(6)}$$

$$p_0=\left\{\left(1+\frac{1.46}{K}\right)^{-K}\frac{\Gamma(K+0)}{0!\cdot\Gamma(K)}\cdot\left(\frac{1.46}{1.46+K}\right)^{0}\right\}=\left(1+\frac{1.46}{K}\right)^{-K}=0.44\rightarrow K=0.780$$

這裡 NBD 的品類 K 無法直接解出。看是要在 Excel 隨便鍵入數字求得，或是用 Excel 的規劃求解功能，找出能滿足這個式子的 K。

◆ S 的計算

接著要計算 S。根據表 1-4，高露潔季購買率的實際值是 20%。所以這段期間內一次也沒購買高露潔的家庭 $P(R,r_j=0,R)$ 等於 0.80，可由以下方程式求得。

$$=\sum_{R=0}^{\infty}\left[\overbrace{\left\{\frac{R!}{r_j!\cdot(R-r_j)!}\frac{\Gamma(S)}{\Gamma(\alpha_j)\Gamma(S-\alpha_j)}\frac{\Gamma(\alpha_j+r_j)\cdot\Gamma(S-\alpha_j+R-r_j)}{\Gamma(S+R)}\right\}}^{=p(r_j=0|R)}\cdot\overbrace{\left\{\left(1+\frac{MT}{K}\right)^{-K}\frac{\Gamma(K+R)}{R!\cdot\Gamma(K)}\cdot\left(\frac{MT}{MT+K}\right)^{R}\right\}}^{=p_R(NBD\text{模型})}\right]=0.80$$

表 10-8 一次也沒買的家庭比率 0.80 → S=1.2

R	p_R(NBD 模型)	$p(r_j=0\|R)$	$p(r_j=0\|R)\times p_R$
0	43.9%	1.000	43.9%
1	22.3%	0.750	16.7%
2	13.0%	0.648	8.4%
3	7.8%	0.587	4.6%
⋮	⋮	⋮	⋮
10	0.3%	0.424	0.1%
合計	100%	—	80.0%

注）Excel 裡，$R!=Fact(R)$，$\Gamma(S)=EXP(GAMMALN(S))$。

把這個方程式在 Excel 裡，由 R＝0 計算到 R＝10，就會像表 10-8。與計算 K 時一樣，求出讓 $p(r_j=0|R)\times p_R$ 的值為 80.0% 的 S。艾倫伯格（Andrew Ehrenberg）教授依每個品牌求出 S，再用單位占比對求出的 S 加權，來求出最終的 S。表 10-8 是當 S＝1.20 時，計算到 R＝10 為止的計算值。

接下來，把 $K=0.780$、$S=1.2$、$\alpha_j=1.2\times$(高露潔的市占率 25%)，代入式(6)。

表 10-9 是 $p(r_j|R)$ 的部分，顯示品牌 j（高露潔）在該品類的各個購買次數裡，分別以什麼樣的比率被購買。比方說，請參閱 R＝2 這一行的數字，最初的 0.648 表示「在購買兩次該品類的家庭中，有 64.8% 的家庭連一次都沒買過高露潔」，0.148 則是指「在購買兩次該品類的家庭中，有 14.8% 的家庭兩次都是買了高露潔」。這張表對角線上的數字，就是在各品類購買次數別之

下，100% 都購買高露潔的忠實顧客比率。0.148 是把 $R=2$、$r_j=2$ 代入式 (6) 的 $p(r_j|R)$ 中求得。

$$P(R=2,r_j=2)=\overbrace{\left\{\frac{2!}{2!\cdot(2-2)!}\frac{\Gamma(1.2)}{\Gamma(0.3)\Gamma(1.2-0.3)}\frac{\Gamma(0.3+2)\cdot\Gamma(1.2-0.3+2-2)}{\Gamma(1.2+2)}\right\}}^{=p(r_j=2|R=2)}=0.148$$

表 10-10 是把表 10-9 的各個數字，分別乘上品類購買率後得到的數值。讓我們同樣來看看 R＝2 這一行。最初的數字 13.0%，是預估所有家庭中，有 13.0% 的家庭會購買該品類兩次。它旁邊的數字 8.4%，是 13.0% 乘上表 10-9 中「購買兩次該品類的家庭裡，連一次都沒買過高露潔」的比率 0.648 所得到的數字（13.0%×0.648＝8.4%）。1.9% 則是 13.0% 乘以 0.148 得到的數字，也就是指「所有家庭中的 1.9%，會購買該品類兩次，而且兩次都購買高露潔」。

高露潔的 100% 忠實顧客比率：

用表 10-10 對角線上的購買者 % 合計，除以最下面一行的高露潔購買次數別購買率合計，就可得出高露潔的 100% 忠實顧客比率。

$$\frac{5.6\%+1.9\%+0.8\%+0.4\%+0.2\%+0.1\%+0.1\%+0\%+0\%+0\%}{11.6\%+4.18\%+1.86\%+0.91\%+0.46\%+0.24\%+0.1\%+0.1\%+0\%+0\%}=\frac{9.2\%}{19.5\%}=47\%$$

◆ 高露潔的平均購買次數

我們使用表 10-10 高露潔購買次數別的購買率，來計算這個數值。各個計算值之所以和表 1-4 的高露潔購買率（20%）以及平均購買次數（1.8）有出入，是因為未加上 R＝10 以後的計算之故。

$$\frac{1\times 11.6\%+2\times 4.18\%+3\times 1.86\%+4\times 0.91\%+5\times 0.46\%+6\times 0.24\%+7\times 0.1\%+8\times 0.1\%+9\times 0\%+10\times 0\%}{19.5\%}$$

$=1.78$

表 10-9 S=1.2 時的品類購買次數別比率

$$p\left(r_j|R\right)=\frac{R!}{r_j!\cdot(R-r_j)!}\frac{\Gamma(S)}{\Gamma(\alpha_j)\Gamma(S-\alpha_j)}\frac{\Gamma(\alpha_j+r_j)\cdot\Gamma(S-\alpha_j+R-r_j)}{\Gamma(S+R)}$$

r_j（品牌 j 的購買次數）

R	0	1	2	3	4	5	6	7	8	9	10	合計
0	1.000											1.000
1	0.750	0.250										1.000
2	0.648	0.205	0.148									1.000
3	0.587	0.182	0.125	0.106								1.000
4	0.545	0.168	0.113	0.091	0.083							1.000
5	0.514	0.157	0.105	0.083	0.072	0.069						1.000
6	0.489	0.149	0.099	0.078	0.066	0.060	0.059					1.000
7	0.468	0.143	0.094	0.074	0.062	0.055	0.052	0.052				1.000
8	0.451	0.137	0.090	0.070	0.059	0.052	0.048	0.045	0.046			1.000
9	0.437	0.132	0.087	0.068	0.057	0.050	0.045	0.042	0.040	0.041		1.000
10	0.424	0.128	0.084	0.066	0.055	0.048	0.043	0.040	0.038	0.037	0.038	1.000

以上，就是我們經常使用的「數學行銷」代表性的六大工具。我們全面公開這些數學式和它們的使用方法，期望能促進未來的日本加強邏輯化的決策，實現長足的發展。除了以上介紹的之外，還有其他許多各式各樣的數學工具存在。我們也會積極持續

開發更新的工具。

身在實務界，面對實際業務上各種活生生的課題，才會真正發覺「想要這種工具！」的純粹欲望。有了這種欲望後，接下來就會開始一連串的試誤法和實戰上的運用測試。對我們來說，這個世界裡，各種事象複雜交纏，難以理解。數學是為了理解這世界的無形「本質」，不可或缺的工具。我們未來也會不斷挑戰各種新的嘗試，透過數學行銷，擴展商業智慧的天際線。

表 10-10　S=1.2 時的品類、品牌 j 購買次數別機率

$$p\left(R,r_j\right)=p\left(r_j|R\right)\times p_R$$

r_j（品牌 j 的購買次數）													
R	p_R	0	1	2	3	4	5	6	7	8	9	10	合計
0	43.9%	43.9%											43.9%
1	22.3%	16.7%	5.6%										22.3%
2	13.0%	8.4%	2.6%	1.9%									13.0%
3	7.8%	4.6%	1.4%	1.0%	0.8%								7.8%
4	4.8%	2.6%	0.8%	0.5%	0.4%	0.4%							4.8%
5	3.0%	1.5%	0.5%	0.3%	0.2%	0.2%	0.2%						3.0%
6	1.9%	0.9%	0.3%	0.2%	0.1%	0.1%	0.1%	0.1%					1.9%
7	1.2%	0.6%	0.2%	0.1%	0.1%	0.1%	0.1%	0.1%	0.1%				1.2%
8	0.8%	0.3%	0.1%	0.1%	0.1%	0.0%	0.0%	0.0%	0.0%	0.0%			0.8%
9	0.5%	0.2%	0.1%	0.0%	0.0%	0.0%	0.0%	0.0%	0.0%	0.0%	0.0%		0.5%
10	0.3%	0.1%	0.0%	0.0%	0.0%	0.0%	0.0%	0.0%	0.0%	0.0%	0.0%	0.0%	0.3%
合計	100%	79.97%	11.6%	4.18%	1.86%	0.91%	0.46%	0.24%	0.1%	0.1%	0.0%	0.0%	99.5%

終章

2015 年 10 月時 USJ 進場人次之所以超越 TDL 的數學根據

今西的致意

每個人，都有些「牢牢刻劃在腦海裡的事」。尤其剛踏入社會不久時遇到的事情，既新奇又具衝擊力，往往成為往後人生難忘的回憶。我今年六十三歲，但還對於將近四十年前剛成為社會新鮮人時發生的一件事，記憶猶新。我在進入寶僑之前，從事的是和現在完全不同的工作——在一間日本公司當業務。身為菜鳥業務的我，當時的基本工作之一，就是在月底時到各個客戶那裡收帳。而那件難忘的事，就發生在某個收帳日。那天，我去拜訪某間批發商客戶的社長，那位社長一看到我的臉，就用溫和而充滿說服力的語調說道：

「你呀，擺著那副眉頭深皺的苦瓜臉，是沒有任何好處的啊！何不笑一下呢？笑一下又不用花錢。臉上帶著笑，別人看到心情也會比較好不是嗎？這樣一來，無形中帶給別人一些好處，你自己的運氣也會變好喔。」

「確實是這樣啊！」我完全同意他的看法。每天都在操煩財務調度的中小企業社長，還能說出這番道理來，著實讓我佩服不已。從那天起，我就決定盡量保持笑容。也不知是否刻意微笑會影響腦部思考，「提醒自己要笑」讓我不知不覺用更正向的態度去面對事物和狀況。這件事，究竟對我後來的人生有多少直接影響，很難客觀評估。但我本身則實際感受到，「面帶笑容」對我之後的人生，有巨大的正面幫助。在那之後，我的心願幾乎全部實現——轉職到我希望的職場，到美國工作的夢想成真，參與了數不清的精彩工作專案，也把數學重新學習了一遍。

好事會帶來好事，成功會招來成功。笑容能提高下一個笑容的機率。相反地，苦瓜臉則會提高下一個不好事物的機率。這就是本書裡寫到的「伽瑪分配」的概念。經過漫長的歲月後，我才真正理解當時那位批發商社長，對年輕的我說的那段話的真正意義。不知不覺，我自己也已經走到和當年那位社長差不多年紀了。也許自不量力了點，但我想在這裡，像當時那位社長一樣，告訴各位幾句我覺得很重要的話。不只針對工作，也當作對於未來人生的處世格言。

1 「人生就是機率」

「盡可能提高機率，然後對結果不留遺憾」。我希望大家無時無刻都用這樣的態度，面對各種事情。過去的事，無法改變，能改變的只有未來。這個觀念在某方面來說，也就是所謂的「盡人事，聽天命」。但切記在盡人事的過程中，要對達成目的之機率概念，用心思考，做出選擇。

2 「難下判斷的時候，先把目的明確化」

人正因為有智慧，才會不知該如何選擇，陷入迷惘的痛苦。遇到這種情況時，不妨重新回歸到目的。自己人生的重要目的，絕不能交給自己以外的任何人。要自己徹底思索後，把它明確化。只要目的確定了，就能針對目的，純粹選擇能提高機率的選項。

3「看清事物和問題的本質」

大部分事物，其實只是表面的「現象」。不深入思考，難以見到它們的「本質」。想看清本質，可以去假想它的極端情況，或是換個和自己無關的狀況來檢視。很奇妙地，本質往往就會在這種情況下顯現出來。

本書的內容，是從行銷實務的角度，針對我們至今為止的經驗、出社會後由許多人直接給我們的啟發和意見、從我們至今研讀的學術論文和書籍中獲得並使用的工具、我們自行開發的方法等，討論後加以彙整的結果。期望這本書，能對改善日本的「數學行銷」有所助益，引發下一輪進化，讓日本公司的經營成果，能因此更加改善，全日本變得越來越光明。

在公司、組織裡工作，常會為了所屬組織本身自保的目的，做出政治性的決策。但無論如何，還是得先把真實狀況明確化才可以。這本書裡，記載著我們認為的「達到行銷之真實」的方法論。然而，人一旦相信什麼事，就會讓邏輯思考停滯在那裡，無法看見真實。所以我也要請各位別一味地盡信本書內容，要自己嘗試後去確認。只要把目的明確化，根據自己所處狀況去使用這些方法，就有很高的機率，能實際改善業績。

早在超過十年以前，森岡先生和我兩人就常在聊，「如果把我們所研究的數學行銷心法對外公開，應該能對於照顧我們頗多的日本社會，多少回報一點恩情吧。」當他真的來邀我一起寫這本書時，雖然心中驚訝，但也對於他還記得以前那些話，深感快慰，開心地答應下來。雖然真正執筆時，驚覺這比預期的難上許多，但透過討論，我們的觀點變得更明確，相信對各位讀者而言，也變得更簡明易懂。也許這樣講誇張了點，但是拜森岡先生之賜，也留下了我曾經活在這世上的一點證據，我打從心底感謝。

最後，我要對提供協助的 June Hahn 博士，以及實現本書出版的株式會社 KADOKAWA 的龜井先生致上謝忱。感謝你們。

作者　今西聖貴

森岡的致意

終於進入最後一章了。寫這本書時，有個主題一直想放進本書的某個章節，但卻沒放進去，就讓我把它寫在這最後一章吧。

那就是，我們推測「2015 年 10 月，USJ 進場人次終於超越東京迪士尼樂園（TDL），登上日本第一」的根據。東方樂園公司別說是每月進場人次，連迪士尼樂園和迪士尼海洋的來客比例、每季進場人次都沒對外公布。那麼，為什麼 USJ 能做出這樣的判斷？相信應該有不少人有這樣的疑問。但我相信，已經把本書讀到最後的各位讀者，應該已經了解到，這種程度的數學分析，對我們來說實在是輕而易舉。

事實上，我們總共用了三種不同分析手法，去驗證那個結論。這裡，讓我對其中最容易理解的一種方法做詳細介紹。這個分析結論，用正確一點的方式說明，應該說是「數學上有 96% 以上的機率，USJ 的 2015 年 10 月單月進場人次超越了 TDL」。大致上的思考模式是，推算出東京迪士尼樂園的 10 月進場人次，用常態分配（normal distribution）的標準差（standard deviation），來檢視它的誤差機率。

推算東京迪士尼樂園 10 月進場人次的步驟如下。首先，透過官方公布的東京迪士尼度假區（迪士尼樂園加迪士尼海洋）「全年進場人次」，搭配「第三季營收金額比例」，推估出 2014 年第三季整個東京迪士尼度假區的總進場人次。接下來，用2015年東京迪士尼度假區的進場人次趨勢去補正2014年數字，導出2015年第三季的數字（編按：日本的第三季為每年的10、11、12月）。

接著，用「2014 THEME INDEX」（by Themed Entertainment Association）刊載的迪士尼樂園和迪士尼海洋進場人次比例資料，估算TDL（東京迪士尼樂園）的2015年第三季進場人次。再用USJ的10月、11月、12月比例，推算TDL的10月數字。那時候，USJ的第三季營運成績裡，由於10月份的比重受到爆發性的萬聖節活動之賜，相較於主攻12月聖誕節的TDL，USJ的10月份營收比例占得更重。因此，用USJ的10月份比例當參照標準，以本分析的目的而言，符合保守的正確原則。透過以上方式，我們推估2015年10月東京迪士尼樂園的單月進場人次，是162萬人。

由於USJ的10月進場人次是175萬人，已經大幅超越了TDL的估計數字162萬人，但為防萬一，我們再用機率概念對它做計算。畢竟，因為某種突發性理由使得TDL該月份實則超過175萬人的機率，並不是零。所以，我們用USJ的實際資料當標準差，把東京迪士尼樂園10月份的估計值162萬人設定在正中間，以常態分配來檢視估計值與實際值的誤差之機率。計算結果，由標準差推估的USJ超越TDL的機率，達96%以上。

我們把這些分析過程也一併揭露給媒體，宣布「有96%以上的極高機率，USJ進場人次終於超越東京迪士尼樂園，成為日本

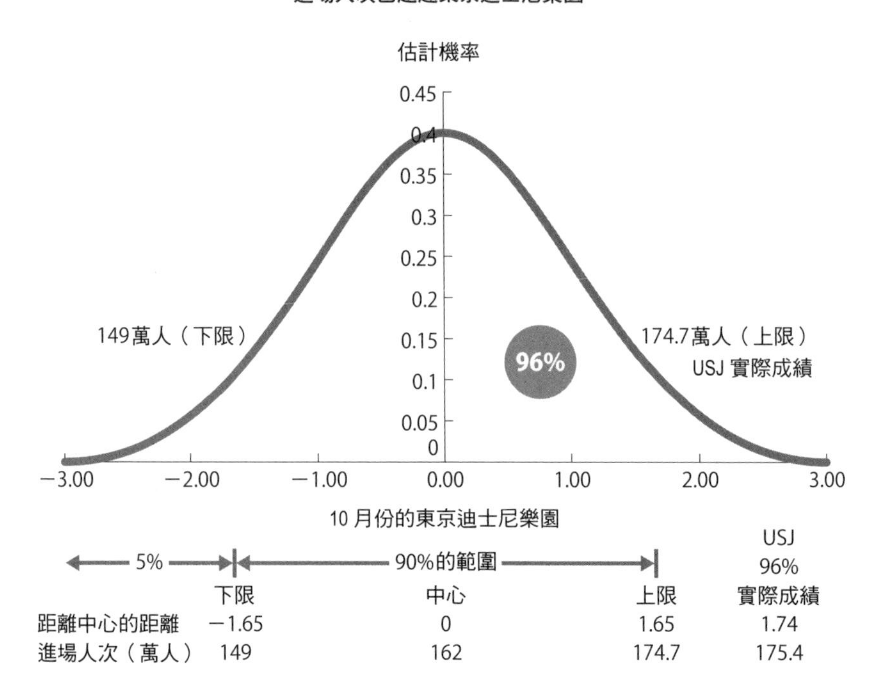

第一」。我們萬萬沒說出「絕對」兩個字，因為這畢竟是估計值。不過 100% 和 0%，事實上很難發生。

實際上，我們還用另外兩種方法，更精密地估算出 10 月份的營運成績。比方說，只要運用本書中介紹過的「伽瑪・卜瓦松最近購買時間模型」，就能從最近購買時間的消費者資料，推估出 2014 年 10 月的實際成績，再以 TDL 最近的消費者資料補正後，就能推算出 2015 年 10 月的估計進場人次。用這方式推估出的結果，是 158 萬人。我猜測，由於 158 萬人這個估計值是用品質非常高的消費者資料推估而得，應該幾乎是正中紅心的數字了。

第一種分析方法因為使用了10月份占比重較高的USJ資料，因此TDL真正的10月份實際數字，應該略低於162萬人。158萬人應該是可能性很高的數字。至於用第三種方法試算出來的TDL 10月進場人次，還比這數字再略低一些。之所以要用到三種不同邏輯的思維來推算，是因為畢竟這是在推估一個實際存在的競爭者的數據，一旦結論錯誤，可不得了。而這種做法，也就是本書不斷重複提過的，「盡可能用更多不同的觀點來理解現實，彷彿以昆蟲的複眼去審視般的智慧」。

經營東京迪士尼樂園的東方樂園公司，並沒有公開每月或不同園區之間的進場人次資料，因此我們永遠無法知道162萬人、158萬人這些估計值究竟有多正確。然而，我對於USJ進場人次在2015年10月超越了那個最強的東京迪士尼樂園一事，有絕對的信心。這份信心的根據，正是來自數學的力量。只要運用數學，就能知曉世上許多現實。數學是看清並理解這世界「本質」所不可或缺的工具。

即使只有一個月份，超越東京迪士尼樂園，已是一件天大的奇蹟。這件事帶給USJ的自信，高到無法衡量。東京迪士尼樂園不只頂著全球最強的「迪士尼」招牌，擁有壓倒性的實力，而且所在地的關東是個巨大人口圈，其人口是USJ所在的關西的三倍。在某個月贏了它，是多大的一種奇蹟呢？那是比起橄欖球日本代表隊打贏南非隊還更奇蹟的一件事。有如日本代表隊只派出五個人，就打贏三倍人數的十五人南非隊一樣。而那 2015 年 10 月，是前社長格倫・甘培爾擔任日本環球影城 CEO 的最後一個月。能在最後這一刻，用這一勝來獻給他做為長達十二年服務於日本的餞別禮，讓我百感交集。

要在這規模相對小得多的市場打勝仗，USJ 必須擁有比 TDL 更細膩的市場開拓能力。哈利波特魔法世界開幕那年的 2014 年 10 月，USJ 寫下史上最多的 146 萬單月進場人次紀錄。對我來說，在大多數人認為來客數會下降的次年，讓 10 月份數字確實按照增加「M」的機率計算，增加到 175 萬人，是相當重要的一件事。因為這一役，讓我們又多累積一件得以實證機率思考致勝模式的資料。我們也就這樣，隨著每次的經驗，變得越來越聰明。

在 USJ 慘兮兮的十多年前，有誰能料到它能重新站起來到這種地步？是什麼實現了這個奇蹟，讓原本只有 700 多萬人的年進場人次，在短短五年左右就暴增到將近 1,400 萬人的現象本質，又是什麼？那就是本書希望傳達給大家的「機率思考」。USJ 就是以「機率思考」為 DNA，脫胎換骨成以消費者觀點為重的公司。包括經營資源的分配、行銷策略、各種新奇的點子，引發 V 型復甦的各種現象不斷發生，在短時間內引起巨大的變化。機率思考的策略，不只適用於主題樂園，應該能運用在幾乎所有的企業和品類上。只要聚焦於「顧客偏好」這個市場結構的核心，提高增加「M」的機率，業績必然好轉。機率思考的策略不是魔法，而是有手法、有機關的魔術，不管誰來操作，都能重現它的力量。

對我來說，這是一本從很久以前開始，就最想寫出來的書。因為我希望能對接下來日本最重要的課題，廣為傳達自己的觀點。那個課題，就是「日本人應該更有邏輯地做好準備後，從精神的角度作戰」。而本書的問世，就成為把那個解答之一的，我們研究至今的心法，廣為傳達給大眾的機會。

我兩年前撰寫的第一本拙著《雲霄飛車為何會倒退嚕？》（角川文庫，繁體中文版由麥浩斯出版），內容的主要核心是創造嶄新點子的「創新架構」。事實上，那時候有許多寫下來想放進裡面的原稿，後來由於對內容難度和篇幅問題的考量，不得不忍痛割捨，而大量殘留下來。那些，就是關於「行銷架構」及「數學架構」的原稿。

自那時以來，讓這兩個主題出書問世，一直是我的心願。行銷架構後來在我的第二本書，也就是 2016 年 4 月出版的行銷入門書《日本環球影城吸金魔法：打敗不景氣的逆天行銷術》（KADOKAWA，繁體中文版由台灣角川出版）中，以簡單易懂的方式解說。那些不屬於本書主題的基本行銷知識和觀念，都能在該書中學到。而最後剩下的「數學架構」部分，就是透過本書《機率思考的策略論》的出版而實現。

撰寫本書時，為了讓文組讀者也能理解本書想傳達的結論，耗費許多心思，安排整體結構和文章內容。我想，數學式也許還是有些費解之處，但對於最終的結論和啟發，應該都不是那麼難理解。大家覺得如何呢？身為瀕臨絕種的「數學行銷專家」，我投入了我的全力，希望能對各位讀者，至少有一些些用處。

為了出版本書，能把我向來極為尊敬的今西先生一起拖進來，是最大的附加價值，也是我最佳的判斷。如此一來，不只讓本書內容跳脫我的種類較為偏頗的工具箱，更拜今西先生之賜，得以由需求預測專家的觀點，介紹他獨具的思考模式、廣範圍的心法和具更深入意義的數學工具等，讓本書內容更有深度。對於在繁忙時期仍執筆相挺的今西先生，我致上由衷的感謝。打從我們兩個人在美國辛辛那提，啃著廉價甜甜圈配咖啡，忘我地鑽研各種數學式時開始，有朝一日寫出這本書，就一直是我的夢想之一。如今這個夢想終於實現了。謝謝！

另外，我也要對幫助這本「顯然不會受一般讀者青睞」的書問世的各位，表示感謝與敬意。光聽到「數學」兩字就會讓許多人起過敏反應的這項企劃……讓有邏輯的決策成為可能的「數學行銷」這個顯然有難度的企劃……把這樣的內容做為商業出版物推出，對出版社而言，應該真的是個非常需要勇氣的決定。對於讓本書成功出版的龜井先生及株式會社 KADOKAWA 的各位，我謹致上誠摯的謝意。如果本書中的心法能對後世有一丁點幫助，那都是出於諸位的力量。謝謝各位！

我認為，我們已經在本書整體內容中，把我們對機率思考的基本概念，以及該導入的重要數學工具，都寫了進來。如此一來，即使我們有天離開人世，也已經把至今為止研究思索的幼苗和種子留了下來。這真是可喜可賀。我們兩個在寫這本書時，心裡都想著，「未來有一天，一定會出現因為讀了這本書，而對數學行銷產生興趣的年輕優秀人才，為未來的日本，更擴展知識的天際線！」當然啦，我也不過才四十三歲而已，還沒打算那麼早回老家（笑）。未來我也會繼續追求自己能貢獻這世界的機會，每天不斷研究，對日本這個美好的奇蹟之國的發展，盡一份棉薄力量。

我們希望日本的未來，仍然能繼續維持受全世界憧憬的地位。我相信，為了讓世界更富饒、更和平，應該更推展日本的價值觀。與一神教信仰的善惡二元論不同，大多數日本人悠然成長在多神教的基礎上，對其他的價值觀和文化，也抱著寬容的心，不會排斥或攻擊。大多數日本人，也對其他人充滿體貼和關懷。相對地，世界多數國家的主流觀念，卻是在關心他人之前，會先毫不猶豫地追求自我的權益。他們擁有的是第四章介紹過的精神病態者般的強悍。日下公人先生也說過，「全世界的人都很陰險」。我們必須要有這種覺悟才行。

日本正是處於這樣的世界裡。而為了在如此世界裡推廣日本的價值觀，就必須讓日本的經濟與文化，未來也持續保持豐富，繼續在世上發光發熱。為了達到這個目標，就必須在和世界的競爭中取勝。所以，無論日本人或是日本企業，都需要擁有「更有邏輯地做好準備後，從精神的角度作戰」的心法。

而日本做為一個國家，也必須擁有用更具策略的方式，把「日本品牌」行銷到國際社會的能力。全球消費者無論是在購買商品時、購買服務時、思考某個「國家」時，都在腦中使用著相同的資訊處理系統。而那個系統非常情緒化，是個由偏好支配的世界。所以包括「日本製品」、「日本文化」、「日本觀光」等，全都能適用於增加對日本的「M」的機率思考架構。我認為，我們應該認真在國際宣傳策略以及對本國國民的啟蒙上，導入「改變人們腦中認知」的最先進行銷力。為了提高對日本的偏好，必須又有志向，也有能力的人來做這些事情。為了讓日本今後也在世界上發光發熱，日本的品牌建立，極為重要。

「為了獲得 M 的有邏輯準備」，無論對個人、企業或國家都非常重要。本書針對這件事，介紹了我們全心研究出來的方法論。希望大家能盡情地運用這本書，讓它對日本的未來有些許幫助。

謹對所有讀者致上最大謝忱。謝謝大家！

希望我深愛的日本，在百年後也能繼續維持富饒。

作者　森岡毅

2016 年 2 月吉日

◆ 參考文獻與資料（4/16/2016）

第一章

A.S.C. Ehrenberg, *Repeat Buying,* Oxford University Press, 1988.

Oscar Schisgall, *Eyes On Tomorrow--The Evolution of Procter & Gamble,* J. G. Ferguson Publishing Company, 1981.

WWW.sciencecentres.org.uk/projects/handsondna

表 1-1

(1) Jerome D. Greene, *Consumer Behavior Models for Non-statisticians,* Praeger Publishers, 1982.

(2) A.S.C. Ehrenberg, *Repeat Buying,* Oxford University Press, 1988.

(3) 岸田和明 「圖書の貸出頻度を記述する負の二項分布モデルの演繹的導出とその一般化」（記述圖書借出頻率的負二項分配模型的演繹性導出及其一般化）, *Library and Information Science,* No.27, 1989.

表 1-2

Udo Wagner and Alfred Taudes, "A Multivariate Polya Model of Brand Choice and Purchase Incidence," *Marketing Science,* Vol.5, No.3. Summer 1986.

表 1-3

Byron Sharp and Carl Driesener, "The Dirichlet's Buyer Behaviour Assumptions Really Do Matter," ANZMAC 2000 Visionary Marketing for the 21st Century: Facing the Challenge

表 1-4

A.S.C. Ehrenberg, *Repeat Buying,* Oxford University Press, 1988.

第二章

A.S.C. Ehrenberg, *Repeat Buying,* Oxford University Press, 1988.

第三章

Jerome D. Greene, *Consumer Behavior Models for Non-statisticians,* Praeger Publishers, 1982.

D. J. Reibstein and P. W. Farris, "Market Share and Distribution: A Generalization, a Speculation, and Some Implications," *Marketing Science,* Vol.14, 1995.

高木貞治「近世數學史談」（近世數學史談）（岩波文庫 33-939-1）

松下幸之助「商売心得帖」（PHP 文庫）（中譯本《經營之神的初心 1：松下幸之助的互利哲學》春光出版）

第四章

NHK E-tele「心と脳の白熱教室」（心與腦的白熱教室）

B. V. Gnedenko and A. Ya. Khinchin, *An Elementary Introduction to the Theory of Probability,* Dover Publications, 1962.

第五章

PBS「THE 1900 HOUSE」

Clotaire Rapaille, *The Culture Code*, Crown Business, 2007.（中譯本《情感行銷的符碼》天下文化出版）

Procter & Gamble Co. v. Chesebrough-Pond's Inc.Leagle.com

日下公人「すぐに未来予測ができるようになる 62 の法則」（馬上能預測未來的 62 個法則），PHP 研究所，2002.

（社）日本作業療法士協会広報誌「Opera 15」2011.3

第六章

Lynn Ying-Shiang Lin（林英祥）"BASES: New Product Sales Forecasting

Model," National Chung-Hsing University, Research Institute of Agricultural Economics（國立中興大學農業經濟研究所）

Oriental Land Annual Report.

「Universal Orlando ponders how to take full advantage of Wizarding World's popularity」December 16, 2010, OrlandoSentinel

Eric Marder, *The Laws of Choice,* The Free Press, 1997.

日本映画産業統計（一般社団法人日本映画製作者連盟）

Year End Report「Top 50 North America Amusement/Theme Parks」*Amusement Business.*

「Themed Entertainment Association/Economics Research Associates' Attraction Attendance Report」Thorburn Associates.

第七章

Advertising Age, May 09, 1996.

Francis Galton, "Vox Populi," *Nature,* March 7, 1907.

月刊「美容界」2014 年 2 月號 .

平成 22 年（2010 年）国勢調査人口等基本集計結果（総務省統計局）

表 7-3「PRESIDENT 2011.8.1 號」，PRESIDENT 社

第八章

"Parkinson's Law," *The Economist,* Nov. 19, 1955.

卷末解說 1

成実清松、坂井忠次「数理統計学要説」（數理統計學要說），培風館，1955.

A.S.C. Ehrenberg, *Repeat Buying,* Oxford University Press, 1988.

G. J. Goodhardt, A.S.C. Ehrenberg and C. Chatfield, "The Dirichlet: A Comprehensive Model of Buying Behaviour," *Journal of the Royal Statistical Society*: Series A 147（1984）

巻末解説 2

Jerome D. Greene, *Consumer Behavior Models for Non-Statisticians,* Praeger Publishers, 1982.

G. L. Urban, T. Carter, S. Gaskin and Z. Mucha, "Market Share Rewards to Pioneering Brands: An Empirical Analysis and Strategic Implications," *Management Science,* Vol.32, No.6, June 1986.

A. S. C. Ehrenberg, *Repeat Buying,* Oxford University Press, 1988.

終章

日下公人、高山正之「日本はどれほどいい国か」（日本是多美好的國家），PHP 研究所，2008.

國家圖書館出版品預行編目資料

機率思考的策略論：從消費者的偏好，邁向精準行銷，找出「高勝率」的策略 / 森岡毅，今西聖貴著；江裕真，梁世英譯. -- 初版. -- 臺北市：經濟新潮社出版：家庭傳媒城邦分公司發行，2019.11

面； 公分. -- (經營管理；159)

ISBN 978-986-97836-6-8(平裝)

1. 行銷學 2. 行銷策略 3. 機率論

496 108018278